H.Y. Rasulov
S. S. Rakhimkhodjaev

Investigação e otimização da tensão do fio em fábricas de tecelagem de fio aberto

H.Y. Rasulov
S. S. Rakhimkhodjaev

Investigação e otimização da tensão do fio em fábricas de tecelagem de fio aberto

Na produção de tecidos para camisas

ScienciaScripts

Imprint
Any brand names and product names mentioned in this book are subject to trademark, brand or patent protection and are trademarks or registered trademarks of their respective holders. The use of brand names, product names, common names, trade names, product descriptions etc. even without a particular marking in this work is in no way to be construed to mean that such names may be regarded as unrestricted in respect of trademark and brand protection legislation and could thus be used by anyone.

Cover image: www.ingimage.com

This book is a translation from the original published under ISBN 978-620-7-48435-5.

Publisher:
Sciencia Scripts
is a trademark of
Dodo Books Indian Ocean Ltd. and OmniScriptum S.R.L publishing group

120 High Road, East Finchley, London, N2 9ED, United Kingdom
Str. Armeneasca 28/1, office 1, Chisinau MD-2012, Republic of Moldova, Europe
Managing Directors: Ieva Konstantinova, Victoria Ursu
info@omniscriptum.com

Printed at: see last page
ISBN: 978-620-8-36709-1

Conteúdo

Anotação

O trabalho é dedicado à investigação e otimização da tensão do fio nos teares sem lançadeira durante a produção de tecidos para camisas. Com base na teoria da propagação de ondas em meios elásticos, estabelece-se que a causa das rupturas do fio de trama é o impacto do pé de travão no fio de trama. Ao aumentar a velocidade de assentamento, a deformação e a tensão do fio de trama aumentam em média 30% e ao aumentar o coeficiente de atrito do fio na superfície dos mecanismos de assentamento, a tensão e a deformação do fio de trama diminuem 19%. É desenvolvido e testado um novo sistema de travagem e alimentação da trama. Foram obtidas as regularidades de alteração da tensão do fio de afundamento em função do raio de atrito, do ângulo de atrito, do coeficiente de atrito, da rigidez do fio de afundamento e da posição do compensador. Foram desenvolvidos um suporte e uma metodologia para determinar o coeficiente de atrito no olho do compensador, em função do raio de atrito, do tipo e da densidade linear do fio e do tipo de superfície de trabalho do compensador. Foram efectuados estudos teóricos especializados sobre a tensão do fio de urdidura para o sistema existente e para o novo sistema, onde se demonstrou a conveniência de utilizar o novo sistema de regulação da tensão do fio de urdidura para o ciclo da máquina, à medida que a urdidura é acionada e durante o período de arranque e paragem da máquina. O processo tecnológico de produção na máquina de tecer é investigado com a ajuda do método matemático de planeamento rotativo da experiência de segunda ordem. A interpretação geométrica do modelo matemático é estudada por meio de cortes. Determinam-se os parâmetros tecnológicos óptimos da produção de tecido para camisas, em que a rutura do fio é de 0,3 rupturas por 1 m de tecido com uma tensão do fio de trama de -10 cN e uma tensão do fio de teia de -20 cN. Determinou-se que os parâmetros tecnológicos de produção, a estrutura e as propriedades do tecido para camisas dependem das propriedades utilizadas nos fios de trama. Com o aumento do módulo de rigidez dos fios de trama, o processamento dos fios de trama diminui. Com a utilização da trama de algodão, o tecido tem uma carga de rutura elevada na direção da urdidura devido ao elevado coeficiente de fricção entre os fios da urdidura e da trama. O alongamento de rutura na direção da teia para todas as amostras de tecido é diferente: o mais baixo no tecido com fios de algodão na trama é o mais alto no tecido com fios de nitron na trama.

Resumo: O trabalho é dedicado ao estudo e otimização da tensão dos fios em teares sem lançadeira na produção de tecidos para camisas. Com base na teoria da propagação de ondas num meio elástico, foi estabelecido que a causa das rupturas do fio de trama é o impacto do sistema de travagem no fio de trama; com o aumento da velocidade de enchimento, a deformação e a tensão do fio de trama aumentam em média 30% e com o aumento do coeficiente de atrito do fio na superfície dos mecanismos de inserção do enchimento a tensão e a deformação dos fios de trama são reduzidas em 19%. Foi desenvolvido e testado um novo sistema de travagem e de enchimento. Foram obtidos os padrões de alterações na tensão do fio de trama em

função do raio de atrito, do ângulo de atrito, do coeficiente de atrito, da rigidez da trama e da posição do compensador. Foi desenvolvido um suporte e um método para determinar o coeficiente de atrito no olho do compensador, em função do raio de atrito, do tipo e da densidade linear do fio e do tipo de superfície de trabalho do compensador. Foram efectuados estudos teórico-experimentais da tensão do fio de teia para o sistema existente e para o novo sistema, que demonstraram a viabilidade da utilização de um novo sistema de regulação da tensão do fio de teia durante o ciclo de funcionamento da máquina, durante o funcionamento do feixe e durante o período de arranque e paragem da máquina. O processo tecnológico de produção num tear foi estudado utilizando o método matemático de planeamento de experiências rotativas de segunda ordem. A interpretação geométrica do modelo matemático é estudada por meio de cortes. Foram determinados os parâmetros tecnológicos óptimos para a produção de tecido para camisas, em que a rutura do fio é de 0,3 rupturas por 1 m de tecido, com uma tensão do fio de trama de -10 cN e uma tensão do fio de teia de -20 cN. Foi determinado que os parâmetros tecnológicos de produção, a estrutura e as propriedades do tecido da camisa dependem das propriedades utilizadas na trama dos fios. Com um aumento do módulo de rigidez dos fios de trama, o processamento dos fios de trama diminui. Com a utilização de tecidos de algodão, a carga de rutura é elevada na direção da teia, devido ao elevado coeficiente de atrito entre os fios da teia e da trama. O alongamento na rutura na direção da teia é diferente para todas as amostras de tecido: o mais pequeno no tecido que utiliza fio de algodão na trama, o mais elevado no tecido que utiliza fios de nitron na trama.
Palavras-chave: fio, urdidura, trama, tecido, parâmetros, deformação, tensão, coeficiente, atrito, sistema, propriedades, processamento, módulo, rigidez, rotura.
Palavras-chave: fio, urdidura, trama, tecido, parâmetros, deformação, tensão, coeficiente, atrito, sistema, propriedades, retração, módulo, rigidez, rutura.

CARACTERIZAÇÃO GERAL DO TRABALHO

Isto é igualmente verdade para a indústria têxtil, em especial para o seu ramo mais intensivo em mão de obra, que é a tecelagem. A solução deste problema exige um trabalho considerável de investigação e desenvolvimento destinado a melhorar a tecnologia de tecelagem e os mecanismos dos teares, bem como a otimizar os parâmetros de produção de tecidos para camisas, tendo em conta as condições climáticas da região. Um dos principais critérios para avaliar a qualidade do tecido e a produtividade do tear é a rutura do fio, que é significativamente influenciada pela estabilidade da tensão da teia e da trama, que é determinada, em primeiro lugar, pelo funcionamento do sistema de tempera e tensão da teia e do sistema de alimentação e travagem da trama. A análise das fontes bibliográficas e da experiência de funcionamento mostra que estes sistemas apresentam uma série de inconvenientes construtivos que reduzem a fiabilidade tecnológica e mecânica do processo de alimentação e de travagem dos fios de teia e de trama, o que leva ao aumento das rupturas dos fios de teia e de trama e à deterioração da qualidade dos tecidos de camisa produzidos. Por conseguinte, o problema da otimização da tensão da teia e da trama é de indubitável interesse para a produção de tecelagem.

Objetivo da tarefa de investigação. Investigação e otimização da tensão dos fios de urdidura e de trama em máquinas com microespaçadores como uma das formas mais eficazes de aumentar a produtividade do equipamento e melhorar a qualidade dos tecidos de camisaria produzidos.

Objectivos do estudo:

- Estudo e otimização da tensão do fio de trama no processo de formação do tecido da camisa;
- Estudo e otimização da tensão do fio principal no processo de formação do tecido da camisa;
- Otimização da tecnologia de produção de tecidos para camisas;
- Investigação tecnológica e de consumo sobre tecidos para camisas.

O objeto do estudo são os teares com microespaçadores, os tecidos para camisas, a tensão do fio.

O tema da investigação são os métodos e meios de estabilização da tensão dos fios da teia e da trama, os parâmetros óptimos, as propriedades tecnológicas e de consumo dos tecidos para camisas.

Métodos de investigação. No processo de investigação foi utilizado o método de análise crítica de fontes literárias. No estudo da tensão dos fios da teia e da trama, foram utilizados os métodos da geometria analítica, da teoria dos mecanismos das máquinas e da mecânica teórica. Na parte experimental, foram desenvolvidos novos sistemas de tensão da teia e da trama e utilizados dispositivos para determinar o coeficiente de atrito dos fios contra as guias. Os cálculos foram processados utilizando os métodos da tecnologia informática.

A novidade científica da investigação de dissertação consiste no seguinte:

- São propostos novos sistemas de alimentação e travagem da urdidura, bem como sistemas de libertação e tensionamento da urdidura;

- as tensões dos fios de trama e de teia para os novos sistemas foram investigadas e as suas regularidades foram obtidas;
- modelo matemático da rutura do fio em função da tensão de enchimento dos fios de teia e de trama de um tecido de camisa.

Os resultados práticos do estudo são os seguintes:
na modernização complexa dos mecanismos de temperamento e tensionamento da urdidura, alimentação e travagem da trama, que permitirá reduzir as rupturas na urdidura em 13% e na trama em 25% na produção de tecidos para camisas.
Além disso, o cálculo do processamento do fio no tecido, a tensão da urdidura e da trama, os sistemas modernizados dos mecanismos de libertação e tensão da urdidura, a alimentação e a travagem da trama podem ser utilizados no processo educativo quando se estuda o curso da teoria da formação do tecido pelos estudantes de mestrado.
Importância científica e prática dos resultados da investigação. O significado científico dos resultados do trabalho consiste no facto de terem sido obtidos os seguintes resultados: -equações analíticas da deformação e tensão de uma chumbada em função da velocidade de assentamento em máquinas com microespaçadores;
-equações analíticas da tensão do fio de trama antes da surfaçagem;
-equações analíticas da tensão do fio de urdidura por ciclo de máquina; -modelo matemático da dependência da rutura do fio em relação à tensão de enchimento dos fios de urdidura e de trama do tecido da camisa.
O significado prático da investigação realizada consiste no facto de terem sido desenvolvidos novos mecanismos de libertação e tensionamento da teia e mecanismos de alimentação e travagem da trama, que estabilizam o processo de produção de tecidos para camisas.

Conteúdo do trabalho

A introdução fundamenta a pertinência e a relevância do estudo, a finalidade e os objectivos do estudo, caracteriza o objeto e o tema, mostra a conformidade do estudo com as orientações prioritárias do desenvolvimento da ciência e da tecnologia da república, descreve a novidade científica e os resultados práticos do estudo, revela o significado científico e prático dos resultados obtidos, a aplicação dos resultados do estudo na prática, informações sobre os trabalhos publicados e a estrutura.

O primeiro capítulo do trabalho "Revisão da Literatura e Enunciado dos Problemas de Investigação" está direcionado para a revisão analítica das fontes de literatura, em particular, trabalhos de investigação dedicados à variedade, estrutura e produção de tecidos para camisas, tensão da teia e da trama em teares. No decurso da revisão analítica das fontes de literatura, dos trabalhos de investigação relativos às questões da produção de tecidos para camisas, determinou-se que, apesar de a produtividade das máquinas para a produção de tecidos para camisas estar a aumentar, existem desvantagens sob a forma de uma gama limitada de tecidos para camisas produzidos a partir de fios de matérias-primas e de deficiências nos parâmetros tecnológicos dos teares, tais como a tensão da teia e da trama. Além disso, a influência dos parâmetros dos teares no defeito dos teares não é suficientemente investigada Como resultado da análise, foram definidos os objectivos do estudo. Os tecidos têxteis utilizados no vestuário e nas necessidades domésticas são diferenciados pelas seguintes caraterísticas

Tecidos mecânicos - tecidos, malhas e suas combinações, bem como produtos de tule e rendas, redes e entrançados. Estes últimos constituem uma pequena parte da produção total e, com exceção das rendas, não são utilizados para vestuário. O grupo dos tecidos têxteis produzidos por tecelagem mecânica inclui uma parte de alguns materiais, que se distinguem pelas técnicas de produção: amarração da tela com fibras ou fios de costura (Arabeva, Arachne, Maliwat, etc.); sistemas de fios reforçados com fios de costura (Arabeva, Arachne, Maliwat, etc.).); sistemas de linhas de costura reforçadas (Malimo); costura em laço de telas ou tecidos (Araloop, Malipol); atadura de fibras com linhas de costura e de reforço (Skelan); atadura de fibras com agulhas (matérias agulhadas).

2 As teias têxteis de fibras ligadas formam a maior parte dos não-tecidos.

3 Teias têxteis obtidas por fibrilhação de películas cortadas.

4 Tecidos têxteis produzidos por outros métodos.

Atualmente, os tecidos e as malhas representam uma parte significativa. O tecido apresenta três vantagens que ainda não foram ultrapassadas por nenhuma outra técnica de formação de trama: a utilização óptima do fio. Para um determinado peso unitário da superfície do tecido, os dois sistemas de fios, urdidura e trama, têm o maior número de pontos de contacto. Neste caso, o comprimento do fio entre os pontos de tecelagem individuais é minimamente proporcional à elasticidade (rigidez) na direção da teia e da trama. Estas propriedades podem ser alteradas dentro de certos limites, se necessário, através da utilização de diferentes materiais, diferentes tensões de urdidura e de trama e diferentes tecelagens dos dois sistemas de fios; a densidade, a tecelagem e a cor dos dois sistemas de fios podem ser facilmente alteradas sem uma adaptação dispendiosa da máquina. Uma desvantagem do processo de tecelagem é a necessidade de criar periodicamente um espaço relativamente grande (telheiro) para o tecelão de trama; num determinado momento do desenvolvimento, este facto limitou a velocidade de trabalho. O papel negativo deste fator é reduzido em grande medida com o sistema de tecelagem multi-folhas. A máquina de tecer tem certas reservas de velocidade para a formação de calções, especialmente com pequenos cursos de dobragem. Ao mesmo tempo, a velocidade de inserção da trama é limitada. A velocidade média de inserção do fio na trama é de 15 m/s em teares de lançadeira - 15 m/s em teares de micro lançadeira e de pinças - 30 m/s, em teares de jato de 35 m/s a 40 m/s. A desvantagem dos teares de uma única calha é que, no intervalo de tempo correspondente ao ângulo de assentamento, o tecelão tem de percorrer toda a largura da teia. Esta desvantagem pode ser ultrapassada através dos seguintes métodos: introdução de vários fios de trama ao mesmo tempo (este método é realizado em teares multi-ranhura); divisão do tecido em várias partes que são unidas por tricotagem (máquinas de tricotar e de tricotar) ou aumento da velocidade de inserção da trama. Os tecidos produzidos pela indústria têxtil são classificados de acordo com as seguintes caraterísticas: pelo tipo de fibra (composição da matéria-prima); pela natureza do acabamento do tecido; pela finalidade do tecido; pela trama do tecido. Por composição da matéria-prima, os tecidos são divididos nos seguintes grupos: algodão, seda, lã e linho, com uma divisão mais pormenorizada em subgrupos dentro de cada grupo. Além disso, os tecidos, segundo a composição da matéria-prima, dividem-se em homogéneos (base e trama de um tipo de fibra), heterogéneos (base e trama de diferentes tipos de fibra) e mistos (base e trama obtidas a partir de uma mistura de diferentes fibras no processo de fiação). De acordo com a natureza do acabamento, os tecidos distinguem-se ásperos, que não são submetidos a tratamentos especiais de acabamento; raschlichten, que são submetidos a imersão e lavagem para remoção da schlichta; branqueados, que foram submetidos ao processo de branqueamento; tingidos de forma lisa, que são tingidos de uma só cor; estampados, que são estampados com desenhos coloridos; mercerizados, que são submetidos a tratamento especial com álcali cáustico; cozidos, que são submetidos a um processo de ebulição para remover a sericina dos fios (tecidos de seda); tratados, que são submetidos a um tratamento especial para conferir aos tecidos propriedades de baixo encolhimento, repelentes de água, anti-decadência e outras; tufados, em que as pontas das fibras são penteadas para a superfície do tecido ou as pontas das fibras são cortadas em máquinas especiais. Os tecidos podem ser: vestuário - linho, vestido, fato, casaco; domésticos - toalhas de mesa, cobertores, cortinas, cortinados, mobiliário, tapetes; técnicos - filtros, correias, pneus, oleados, linóleo, isoladores. De acordo com os tipos de tecelagem, os tecidos são: simples, em que os padrões nos tecidos são obtidos através das principais tecelagens (tela, sarja, cetim); com padrões finos, em que os padrões nos tecidos são obtidos com base em derivados das tecelagens principais e combinadas; complexos, que são formados por vários sistemas de fios de urdidura e trama, ou seja, tecidos com um aspeto específico, ou seja, tecidos com um tipo específico de tecelagem.Tecidos com um aspeto específico, isto é, tecidos com um tipo específico de tecelagem, ou seja, tecidos com um aspeto específico - multicamadas, a céu aberto, etc.; tecidos com padrões grandes, em que o padrão nos tecidos é formado por uma combinação das tecelagens acima referidas. Esta variedade de composição das matérias-primas dos tecidos é designada por gama de tecidos - algodão, linho, seda, lã, etc. Tendo em conta o facto de as listas de preços incluírem cerca de 3000 variedades de tecidos, denominados artigos, com o seu próprio número de série, será óbvio, no futuro, conhecer as principais caraterísticas que ajudarão o tecnólogo a orientar-se no sortido de tecidos. [2]De toda a variedade do sortido, 80 % são tecidos para camisas com uma densidade superficial não superior a 100 gr./m. A percentagem de tecidos para camisas produzidos em ponto de tafetá é de 83 %, sendo 30 % dos fios torcidos utilizados, e 100 % dos tecidos para camisas são produzidos a partir de fios de pequena densidade linear na base e na trama. [2]Em suma, tendo em conta as condições climáticas da região, é necessário produzir tecidos para camisas com uma densidade superficial de até 100 gr./m. Também é conveniente realizar a tecnologia de fabrico de tecidos para camisas sem o processo de lixagem, utilizando fios torcidos de baixa densidade linear. Dependendo da sua finalidade, os tecidos devem ter propriedades de consumo, físicas, mecânicas e higiénicas adequadas, determinadas pelo tipo de material fibroso a partir do qual o tecido é fabricado, a sua estrutura. A estrutura do tecido é entendida como a disposição mútua dos fios de teia e de trama e as suas inter-relações. A estrutura dos tecidos é influenciada pelos seguintes parâmetros: composição da matéria-prima, escolhida tendo em conta a finalidade dos tecidos e as exigências que lhes são impostas; diâmetros dos fios de teia e de trama e respectivas proporções, em que um aumento do diâmetro dos fios de um sistema aumenta a carga de rutura e o alongamento do tecido deste sistema e o trabalho dos fios do outro sistema; densidade do tecido por teia e trama e respectivas proporções, em que uma alteração da densidade do tecido de um sistema de fios provoca uma alteração dos parâmetros tecnológicos da estrutura e das propriedades do tecido; avaliação da tensão de produção dos tecidos. Os tecidos com o menor número de sobreposições têm uma carga de rutura mais elevada e o fio é esticado no tecido, e o esticamento do tecido é acompanhado por uma tensão mais elevada na máquina; parâmetros tecnológicos a que se deve referir a tensão dos fios de teia e de trama e as suas proporções, o tamanho da abertura, o tamanho e a localização do galpão. Estes parâmetros alteram a disposição dos fios no tecido, determinando assim a estrutura do tecido (espessura, porosidade, enchimento e recheio do tecido, etc.). Para assegurar um processo contínuo de formação do tecido, é necessário que os fios de teia tenham uma certa tensão. Esta tensão é criada pelos mecanismos de libertação da teia e de tensão da teia. A tensão da teia muda ciclicamente durante cada rotação do eixo principal da máquina. Durante a tecelagem, os fios de teia são sujeitos a forças de tração variáveis, deformações de flexão e forças de fricção. Durante a tecelagem, a teia é sujeita a um movimento cíclico de retorno, o que aumenta o efeito de abrasão na teia. Como a urdidura se desloca longitudinalmente a baixa velocidade no tear, a maioria das forças acima referidas actua repetidamente sobre o fio. Para resistir a estas forças dinâmicas, o fio de urdidura deve ser forte, elástico e resistente à abrasão. Além disso, deve ser suficientemente liso e homogéneo. Sabe-se que a tensão cíclica da teia provoca fenómenos de fadiga e um aumento da rutura do fio. Por conseguinte, no processo de formação do tecido no tear, que é acompanhado por alterações cíclicas na tensão da teia e do tecido, muito depende das condições criadas pelos mecanismos de tensão da teia e da têmpera. A tensão de enchimento dos fios de urdidura de um tecido de um determinado artigo deve permanecer constante durante todo o período de formação da urdidura. Só se esta condição for cumprida é que o tecido terá uma estrutura uniforme ao longo de todo o seu comprimento. Por conseguinte, os mecanismos de libertação e de tensionamento com os quais a tensão de enchimento é regulada devem não só assegurar que a tensão de enchimento é constante em valor, mas também mantê-la constante durante todo o período de fixação da teia. O desenvolvimento da fadiga do fio é influenciado não só pela tensão máxima e mínima da teia no ciclo da máquina, mas também pela duração relativa das cargas máxima e mínima. Quanto mais baixo for o limite de fadiga do fio, mais tempo os fios estão sujeitos à carga máxima durante o ciclo da máquina. A maior eficiência do tear é alcançada com uma tensão de urdidura mais baixa. Se a tensão média for a mesma, o sistema da máquina com uma menor amplitude de flutuações da tensão da teia é mais produtivo. Quando a tensão de enchimento aumenta, as propriedades elásticas dos fios diminuem, a sua abrasão nos olhos dos dentes de aderência e dos dentes de palheta aumenta, o que leva a um aumento das rupturas, a uma menor produtividade da mão de obra e do equipamento. Quando a tensão de enchimento é baixa, os fios ficam colados na abertura do galpão, o que dificulta a colocação da trama. Durante o surf da trama com um aumento acentuado da tensão da urdidura nas máquinas STB, há uma deformação significativa dos elos do sistema móvel do couro cabeludo e da urdidura de tecelagem e, após o surf, há vibrações de torção da urdidura de tecelagem, em resultado das quais os fios de urdidura sofrem solavancos adicionais. Por isso, uma das medidas para reduzir a rutura da teia é a eliminação das oscilações da teia. O período de funcionamento instável difere significativamente das condições de formação do tecido no funcionamento estável do tear e, como consequência, leva à produção de tecido com uma densidade de trama diferente da densidade de trama especificada, ou seja, à ocorrência de um defeito no tecido - riscas iniciais.

Na produção de alguns artigos de tecido, 20-25% do número total de defeitos são estrias de arranque, e o tamanho do defeito aumenta com o aumento da velocidade do eixo principal da máquina. Seguem-se algumas recomendações para minimizar as franjas de arranque:

- redução da tensão no sistema de enchimento nos momentos de paragem da máquina; neste caso, devem ser recomendadas medidas tecnológicas - parar as máquinas na posição de pontuação e trabalhar com uma baixa tensão de enchimento, que é acompanhada por uma grande dimensão da tira de revestimento, que é menos sensível aos movimentos da aresta; conceção - o desenvolvimento de um mecanismo que descarrega automaticamente o sistema de enchimento no momento da paragem da máquina da maior parte da tensão existente e a restabelece automaticamente no momento do arranque da máquina após a paragem;

- Seleção correta dos elementos especiais existentes e introdução de novos elementos especiais em diferentes zonas da máquina, permitindo alterar o padrão do movimento da borda do tecido durante a paragem da máquina;
- alterar os padrões de enchimento de máquinas especiais, a fim de reduzir o comprimento do tecido no enchimento;
- alteração das propriedades do fio no sentido da redução das propriedades reológicas, escolha correta dos modos de operações de preparação para a tecelagem; - criação de dispositivos eléctricos e electromecânicos para controlar a posição da borda do tecido durante o tempo de inatividade e o seu regresso à posição inicial no momento do arranque da máquina, mantendo o nível inicial de tensão de enchimento.

O processo de inserção da trama nos teares sem agulhas STB consiste em enrolar e transportar (inserir) uma secção de fio para dentro da calha por meio de um micro-tecedor acelerado por um aquecedor de torção. Consoante a largura do enchimento, a máquina utiliza 13 a 17 ilhós. O funcionamento normal do processo, de acordo com os requisitos tecnológicos, é assegurado pelo funcionamento coordenado dos seguintes mecanismos: travão de trama, controlador da disponibilidade do fio, compensador, aba de centragem, travão de ilhós, etc. O comprimento do fio a transportar varia entre 180 e 340 cm, consoante a largura de enchimento da máquina. A máquina é alimentada com trama por bobinas cónicas fixas de bobinagem cruzada situadas no lado esquerdo da máquina. Nas máquinas STB, o fio é enrolado na bobina de alimentação apenas durante o período de colocação da trama e, durante o resto do funcionamento da máquina, o fio tem a possibilidade de se soltar entre a bobina e o olhal de guia do limitador do cilindro. A velocidade de inserção da trama através da calha depende da densidade linear do fio de enchimento e do ângulo de torção do rolo de torção e varia entre 19 e 26 m/s. O número de contagens atinge 200 a 300 por minuto. A tensão da trama durante o período de arranque do tecelão atinge 80 % da tensão de rotura admissível, e o valor médio da tensão durante o período de voo livre do tecelão é de 25 % da tensão admissível. As razões para a alteração dos valores de tensão nas zonas estão relacionadas com os ciclogramas de funcionamento dos mecanismos de trama e com as condições de enrolamento do fio para fora do feixe de alimentação. As condições de enrolamento do fio para fora do feixe são um fator muito importante que afecta a produtividade da máquina. A fim de reduzir a rutura da trama durante a passagem pelo feixe, recomenda-se a utilização de armazéns de trama, para melhorar a qualidade do fio e as suas caraterísticas de resistência, e para reduzir a velocidade de passagem. A maior influência na tensão é o travão de trama e o travão com impacto. A fim de eliminar o impacto durante a travagem do fio, propõe-se alimentar as máquinas STB com fio de trama a partir de uma bobina rotativa, que é posta em rotação pelo fio do enrolamento. A bobina roda no sentido oposto ao da rotação do fio de balão, que é

enrolado a uma velocidade de 1200 m/min; a velocidade angular da bobina rotativa, que é posta em rotação pelo fio de enrolamento, não excede a velocidade angular do fio de trama enrolado. Para reduzir o "impacto" no fio de trama ao travá-lo, em vez de um pé de travão, é utilizado na construção um rolo rotativo feito de um material leve (cerâmica) com uma borda feita de um material duro (cerâmica de porcelana). Noutro modelo de travão de trama, em vez de um pé de travão, existem dois anéis elásticos. A pressão exercida sobre o fio por cada um dos dois anéis é duas vezes inferior à pressão exercida pelo pé nos travões do modelo de fábrica, o que reduz o solavanco na tensão do fio colocado no momento de passar sob os nós ou espessuras do travão de pé. Para eliminar o impacto no fio, o travão de trama tem um pé de amortecimento na nova conceção do tensor de fio. Na conceção revista, a banda do travão está diretamente ligada a duas molas, cuja pré-tensão é alterada por um parafuso de regulação. A presença de várias molas e a ausência de um elo (balancim) reduz a possibilidade de oscilações naturais no travão. O pé amortecedor reduz a força de pré-tensão da mola e é particularmente eficaz no tratamento de fios de baixa densidade linear. A questão da mecânica de um fio deformável por atrito é muito vasta na literatura. Como é sabido, L. Euler trabalhou muito neste sentido, tendo estabelecido pela primeira vez a relação entre a tensão das partes principal e secundária de um elo flexível que desliza sobre a superfície de um cilindro. L. Euler derivou a sua fórmula para um cilindro instalado horizontalmente, e o fio flexível abraça a superfície deste cilindro, localizado num plano paralelo à guia do cilindro. $_0$As extremidades do fio pendem do cilindro e são carregadas pelas forças T e T. O cilindro está parado, o fio desliza ao longo da sua superfície. O fio não tem peso, não é extensível e tem uma flexibilidade perfeita.
Nestas condições, obteve o rácio:

$$T = T_0 e^{k\varphi}$$

φ – em que: *é o* ângulo de circunferência, *k é o* coeficiente de atrito da ligação flexível na superfície do cilindro.
Consideram-se as questões de mecânica de um fio flexível deformável ponderado num plano e outras formas de guias. *Um* fio de comprimento *l* que desliza sobre um plano tem uma tensão do seu próprio peso *q*

$$T_{пл} = q \cdot l \cdot \kappa = q \cdot r \cdot \varphi \cdot \kappa$$

$l = r \cdot \varphi$, Um fio que desliza ao longo da circunferência tem uma tensão no arco de circunferência:

$$T_{\kappa p} = \frac{2q \cdot r \cdot \kappa}{1+\kappa^2}(e^{\kappa\varphi} + \frac{1-\kappa^2}{2\kappa} \cdot \sin\varphi - \cos\varphi)$$

As fórmulas apresentadas determinam a tensão do fio em função da massa do fio, do coeficiente de atrito e do raio de guia. As fórmulas anteriores não têm em conta a rigidez dos filamentos na superfície de atrito, uma vez que este parâmetro tem em conta o género e o tipo de filamentos, o plano linear dos filamentos e as propriedades elásticas dos filamentos. Por conseguinte, é razoável estudar a tensão dos filamentos com base na consideração do coeficiente de rigidez dos filamentos. Para medir o coeficiente de atrito de repouso e de movimento, é proposto um dispositivo que contém um cilindro de aço em contacto com um fio têxtil, uma extremidade do qual tem uma tensão constante e a outra extremidade tem uma tensão variável. O dispositivo proposto é inconveniente na manutenção e não proporciona eficácia e precisão nas medições, devido à falta de dinamómetro e de materiais amovíveis em estudo, pois todas as operações são efectuadas manualmente. Em conclusão, é possível constatar que os sistemas de tensionamento da trama existentes apresentam uma série de inconvenientes que reduzem a fiabilidade do processo de assentamento da trama. A modernização dos sistemas de tensionamento da trama pelos autores não encontrou aplicação devido à complexidade dos projectos e à baixa eficiência no funcionamento. A dinâmica do processo de assentamento da trama não está suficientemente estudada. Tendo em conta o acima mencionado, foram definidas as seguintes tarefas no processo de execução do trabalho - investigar e estabilizar a tensão da teia e da trama no processo de formação do tecido.

O segundo capítulo contém "Investigações sobre a tensão do fio de trama em máquinas com microespaçadores para tecidos de camisaria". Nos teares com microespaçadores, são utilizados tecelões de trama em vez de uma lançadeira que transporta um pacote de trama para a inserção da trama. O tamanho reduzido dos tecelões de trama permite um aumento significativo da velocidade da máquina. Os fios de trama são enrolados a partir de bobinas fixas, cujo número é determinado pela cor da trama. Para além dos tecelões de trama, os seguintes mecanismos estão envolvidos no processo de inserção da trama em máquinas com tecelões de microtrama: expansor da mola do tecelão de trama, levantador do tecelão de trama, retornador do fio de trama, expansor da mola do retornador do fio de trama, mecanismos de corte de ourelas, mecanismos da caixa de receção, mecanismo de travagem do tecelão de trama, controlador de aterragem do tecelão de trama, mecanismo de retorno do tecelão de trama, empilhador do tecelão de trama, transportador do tecelão de trama que alimenta os tecelões de trama da caixa de receção para a caixa de tecelagem de trama. Quando o empilhador de trama assume a sua posição inicial na caixa, o gancho do mecanismo de expansão da mola do empilhador de trama entra no empilhador de trama. A máquina de tecer trama é então alimentada para a linha de voo pelo mecanismo de elevação. De acordo com o programa predefinido, o mecanismo de mudança de cor move o apanhador de trama necessário com fio de trama para a linha de voo do tecelão de trama. Após a elevação dos tecelões de trama para a linha de voo, o mecanismo de elevação pára e o gancho abre-se, deslocando-se na direção oposta. As pinças do apanhador de fio libertam o fio de trama e o fio de trama é transferido do apanhador de fio para o tecelão de trama. Depois de capturar o fio de trama, o mecanismo de combate à trama do tecelão acelera a uma velocidade de 20-24 m / s e o tecelão de trama faz um voo livre na batana do galpão em direção à caixa de receção, como resultado do qual o fio de trama é colocado. Na caixa de receção, o tecelão de trama é parado pelo mecanismo de travagem e a correção da sua aterragem é verificada pelo controlador. O tecelão de trama é então alimentado para a ourela do tecido por um mecanismo de retorno e posicionado de modo a garantir o comprimento mínimo da ponta do fio de trama a ser dobrada pela agulha do mecanismo de formação da ourela. Além disso, o mecanismo de retorno assegura o funcionamento correto do mecanismo expansor da mola de ilhós e do mecanismo ejetor de ilhós. O mecanismo de expansão da mola de ilhós é concebido para libertar o fio de trama preso pelas pinças das maxilas de ilhós e empurrar os ilhós de trama para fora da caixa de recolha para a ranhura da guia. No momento em que o tecelão de trama liberta o fio, o mecanismo de abertura é introduzido na ranhura-guia pelo mecanismo de assentamento e, em seguida, os tecelões de trama da ranhura-guia são introduzidos no transportador, que os transporta para a caixa de tecelagem de trama. A Fig. 2.1 mostra o esquema tecnológico do enfiamento da trama da máquina com microlâminas. O fio de trama 2, que sai da bobina 1, envolve o sistema de guias de fio 3, 5, 6, fabricados sob a forma de olhais de porcelana resistentes ao desgaste, o travão de trama 4 é fixado pelas pinças do retornador de trama 7 e, antes do trolling, é transferido para o tecelão 8. Este último coloca a trama através da calha formada pelos fios da teia. Na caixa de receção, a tecelagem da trama é abrandada e alimentada pelo retorno de trama na direção oposta - para a ourela. O compensador 5 seleciona os fios em excesso do galpão, após o que o fio é centrado pela faixa e mantido pelas pinças, depois a trama é libertada do fio e empurrada para o transportador e, simultaneamente, a parte esquerda do fio é cortada com uma tesoura.

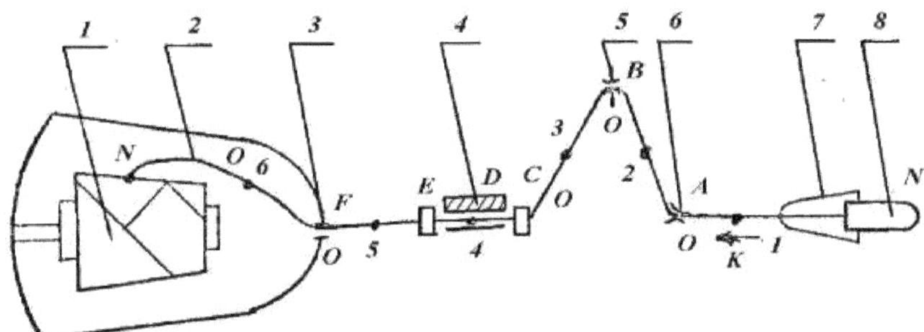

Fig. 2.1. Esquema tecnológico do enchimento de patos da máquina com microespaçadores.

^{oo0}De acordo com o diagrama do ciclo, o fio é introduzido na cala a 14O -295 , ou seja, 155 voltas do eixo principal da máquina. Em seguida, o fio é puxado para fora da calha pelo compensador de trama na direção da caixa de batalha, ou seja, na direção oposta à da cala. ^{0}O travão indutivo torna-se eficaz com um ângulo de rotação do veio principal de 18O . O oscilograma (Fig. 2.2.) mostra que, no momento do início da travagem, a tensão aumenta ao máximo e que, nesse momento, há um impacto no fio de trama durante o seu movimento. Esta pré-frenagem é necessária para eliminar o excesso de trama no tecido. O travão de trama destas máquinas funciona de acordo com um ciclograma rígido, ou seja, o processo de travagem tem lugar numa determinada posição do eixo principal, e a trama voa para a caixa de recolha e é travada em momentos diferentes. O momento em que a trama voa depende da largura de enchimento da máquina, da velocidade do eixo principal, da velocidade de voo inicial, da densidade linear do fio de trama, das alterações registadas quando a bobina é acionada e de uma série de outras razões. Se o tecelão voar para a caixa de receção e parar antes de o fio de trama travar, o fio será inevitavelmente atirado para o galpão e o compensador não conseguirá apanhar o excesso de fio, o que levará à paragem da máquina ou à produção de tecidos defeituosos. Nas máquinas STB, o fio é pré-freado para que o processo de tecelagem não seja interrompido em quase nenhum ponto da inserção do tecelão. Para uma análise mais detalhada da influência de vários factores na tensão da trama, o oscilograma apresentado na Fig. 2.2. é dividido em zonas. Cada zona do ciclo de inserção da trama corresponde a uma alteração de um ou outro dos factores de influência.

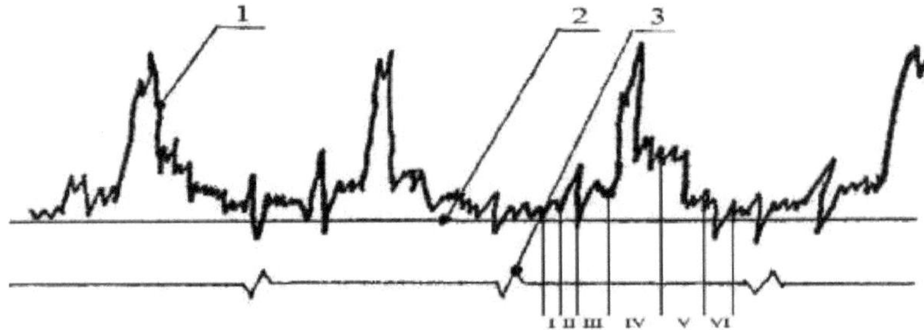

Fig. 2.2. Oscilograma da tensão do fio de trama

A primeira zona (ver Fig. 2.2, I) começa no momento da aceleração do tear de trama (140° de rotação do eixo principal da máquina). A zona termina quando o tear de trama atinge a sua velocidade máxima. Juntamente com o tear de trama, desloca-se também uma secção do fio. Durante um período de tempo muito curto - 0,006 s - a velocidade do tecelão com o fio muda de zero para 19-26 m/s. A tensão nesta secção muda de zero para um determinado valor, e o aumento é quase instantâneo, o que corresponde ao primeiro pico do oscilograma. A tensão depende da aceleração da aceleração do ilhó, que, por sua vez, é uma derivada do ângulo de enrolamento do rolo de torção. O fio que se desloca atrás do tecelão é selecionado a partir de uma secção livre preparada pelo compensador. A segunda zona (ver Fig. 2.2, II) corresponde ao início do voo livre da ilhós com o fio de trama a segui-la através do galpão. Começa no momento da diminuição da tensão do fio, quando a reserva de fio criada pelo compensador ainda não foi selecionada. A zona II termina no topo do segundo pico da curva de tensão, que corresponde ao enrolamento direto do fio a partir da bobina. A tensão nesta zona depende do ângulo de avanço do compensador, da densidade linear do fio de trama, do peso do fio na secção frouxa e da homogeneidade da estrutura do fio. A terceira zona (ver Fig. 2.2, III) caracteriza-se pelo facto de a tensão nesta zona estabilizar após uma certa diminuição e permanecer uniforme ao longo de todo o intervalo. O valor da tensão nesta zona depende das condições de enrolamento a partir da bobina de alimentação, do atrito do fio nos elementos de guia e dos ângulos de circunferência do fio. Este período dura até que a trama seja travada pelo pé de travão da trama. No momento do início da travagem, a tensão aumenta bruscamente, o que no oscilograma, na fronteira da terceira e quarta zonas, corresponde ao pico, cujo valor depende do número de tramas, da velocidade do tecelão de trama, do estado do enrolamento a partir da bobina de alimentação. A quarta zona (ver figura 2.2, IV) caracteriza-se por um certo aumento de tensão, que é criado pela ação do travão e do controlador no fio de trama. A tensão nesta zona é a soma da tensão da terceira zona mais a ação de travagem do pé do travão e do estilete do controlador da trama. Este momento é bastante desgastante para o fio de trama, pois o fio está sob a ação dos mecanismos durante muito tempo. Para esta zona é particularmente importante adquirir as condições de enrolamento da bobina, devido ao facto de o comprimento do fio colocado, movendo-se atrás da lançadeira, atingir nesta zona o valor máximo - 220 cm e o peso máximo. A tensão que a extremidade dianteira do fio de trama recebe reduz significativamente a velocidade do tecelão de trama. Para fios com uma densidade de linha elevada, a redução da velocidade é particularmente elevada, atingindo até 1,2 m/s por metro de largura de enchimento. A quinta zona (ver Fig. 2.2, V) do ciclo de inserção da trama através do galpão começa no momento em que o tecelão entra sob o primeiro travão da caixa de recolha (início da travagem do tecelão). Este momento caracteriza-se por uma diminuição acentuada da velocidade do tecelão e da secção inicial do fio em movimento. Mas como o fio é flexível, relativamente pouco rígido, e se mantém em movimento ao passar da caixa da esquerda para a da direita, sob a ação das forças de inércia, continua o seu movimento em linha reta, o que cria um certo excesso de fio no calço. Na curva de tensão do fio, este momento corresponde à aproximação da tensão à linha zero. Sob certas condições, a reserva de fio no depósito pode atingir um comprimento tal que o compensador não o consegue apanhar. Como resultado, forma-se um laço na calha, o que constitui uma violação do processo de tecelagem. Na inserção normal da trama, o excesso de fio da calha tem de ser removido pelo compensador antes de o tecelão da trama regressar. A tensão do fio nesta zona depende da tensão nas zonas anteriores, da velocidade de chegada da lançadeira, da densidade da linha do fio, da regulação correta do travão de trama, etc. A tensão do fio nesta zona depende da tensão do fio nas zonas anteriores. A sexta zona da curva de tensão (ver Fig. 2.2, VI) começa com o início do retorno do tecelão. Caracteriza-se por uma constância de tensão ao longo de todo o intervalo, com flutuações muito ligeiras em determinados momentos. Na zona VI, após o retorno do separador, o fio de trama centrado, que tem uma certa tensão necessária para a formação normal do tecido, é agarrado pelas maxilas de retorno da trama. A secção de fio que se encontra no galpão e que é agarrada pelas pinças de formação da ourela é cortada da outra secção que está a ser enrolada na bobina. Simultaneamente, a extremidade do fio de trama é trazida de volta à posição inicial pelo dispositivo de retorno da trama para ser transferida para o tecelão. Foram igualmente efectuados estudos analíticos do assentamento da trama em máquinas com microespaçadores. As principais causas de rutura da trama e de instabilidade do processo tecnológico de assentamento da trama são as alterações e deformações instantâneas das secções do fio. Por conseguinte, é conveniente desenvolver métodos analíticos para calcular as alterações dos parâmetros de movimento do fio em interação com os mecanismos auxiliares de assentamento e investigar as causas da rutura do fio de trama na tecelagem. A teoria da propagação de ondas num meio elástico é utilizada como principal método de investigação. Num dado momento t do tempo, o tear entra em movimento. Consideraremos a ação do mecanismo de combate como um golpe dado sobre um fio em repouso, não deformado e inicialmente flexível. $a = \sqrt{\frac{E}{\rho_0}}$ ρ_0- A ação do impacto sobre o fio propagar-se-á como uma onda longitudinal que viaja com velocidade onde E é o módulo dinâmico; é a densidade do fio não deformado.

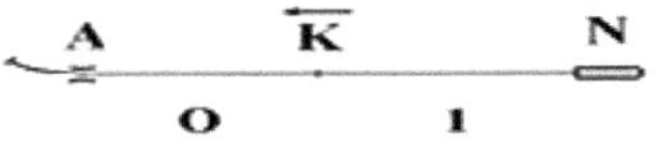

A K N O 1

Figura 2.3. Esquema do movimento da onda longitudinal na secção NA

Como a massa do espaçador é suficientemente grande e o movimento se inicia instantaneamente, podemos supor que, em algum intervalo de tempo a < t < ti, a região perturbada do filamento I é a região de parâmetros constantes. Nesse caso, a velocidade da partícula do filamento na região I é igual à velocidade do espaçador (já que a região I é uma região de parâmetros constantes). A tensão do filamento é determinada a partir das seguintes equações

$x_1' = -a\varepsilon_1$ (2.1) $T_1 = \varepsilon_1 E = \rho_0 a^2 \varepsilon_1$ (2.2)

em que x' *é a* tangente à componente do filamento da velocidade da peça na região I; e1 é a deformação relativa; T1 é a tensão do filamento.

A equação (2.1) é derivada da lei da conservação da quantidade de movimento quando o elemento do fio em consideração passa pela frente de onda longitudinal K (Fig. 2.3.), e a equação (2.2) expressa a lei de Hooke para um fio elástico linear. Assim, a tensão e a deformação relativa da região I do fio de trama são determinadas a partir das seguintes equações

$\varepsilon_1 = \frac{x_1'}{a} = \frac{U_1}{a}$ (2.3) $T_1 = \rho_0 \cdot a^2 \cdot \varepsilon_1 = \rho_0 \cdot a \cdot U_1$ (2.4)

$\rho_0 = 1{,}25 \cdot 10^{-3}$. $\frac{NA}{a} = t_1 > t_0$ Os cálculos foram efectuados para um fio com uma velocidade mais próxima dos fios têxteis reais a = 800 m/seg. Após o tempo a ação do impacto do mecanismo de combate passará para o condutor do fio no ponto Ai, onde NA é o comprimento da parte horizontal no instante inicial do tempo. Em t >4, a onda longitudinal K passa para a região 2 do filamento (Fig. 2.1., Fig. 2.4.).

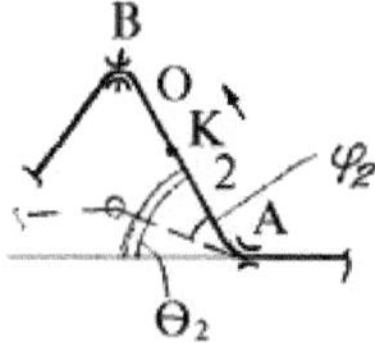

Fig. 2.4. Esquema do movimento da onda longitudinal na secção AB

A velocidade de movimento das partículas da região 2 do filamento é determinada a partir da lei de conservação da quantidade de movimento na frente da onda longitudinal K. A lei da quantidade de movimento escrita em projecções sobre os eixos OX e OY (Fig. 2.5.) reduz-se às seguintes equações

$X_2' - X_0' = a(\varepsilon_2 - \varepsilon_0)\cos\theta_2 \cos\varphi_2 \qquad Y_2' - Y_0' = a(\varepsilon_2 - \varepsilon_0)\sin\theta_2 \sin\varphi_2$

$\varepsilon_0 = X_0' = 0$ Uma vez que se assume que o fio não está inicialmente deformado e está num estado de repouso absoluto, é óbvio e, portanto, as últimas equações podem ser escritas da seguinte forma

$X_2' = a\varepsilon_2 \cos\theta_2 \cos\varphi_2$ (2.5) $\qquad Y_2' = a\varepsilon_2 \sin\theta_2 \sin\varphi_2$ (2.6)

Para determinar a tensão Tg e a deformação relativa £2, temos as seguintes equações

$T_2 = \rho_0 a^2 \varepsilon_2$ (2.7) $\qquad T_1 = T_2 e^{f_2\theta_2}$ (2.8)

$_2$em que *f é o* coeficiente de atrito no ponto A.

X_2', Y_2', T_2, ε. $_2$As equações (2.5)-(2.8) formam um sistema de incógnitas relativas

Excluindo Ti e T das equações (2.7) e (2.8)

vamos encontrar $\varepsilon_2 = \varepsilon_1 e^{-f_2\theta_2}$ (2.9)

uma vez que a deformação £1 é conhecida a partir da solução do problema da equação (2.9) serve para determinar a deformação £2. As velocidades das partículas *X \, Y J são* determinadas a partir das equações (2.5) e (2.6), respetivamente. A secção da rosca BC (Fig. Fig. 2.1., Fig. 2.5.) está dividida em duas regiões. A região 3 (Fig. 2.1., Fig. 2.5.) é perturbada pela força de impacto do mecanismo de assentamento, e a região 1 é a região de

pela região de repouso absoluto. Na região 3 e na frente K temos as seguintes equações $X_3' = a\varepsilon_3 \cos\theta_3 \cos\varphi_3$ (2.10)

$Y_3' = a\varepsilon_3 \sin\theta_3 \sin\varphi_3$ (2.11) $\qquad T_3 = \rho_0 a^2 \varepsilon_3$ (2.12)

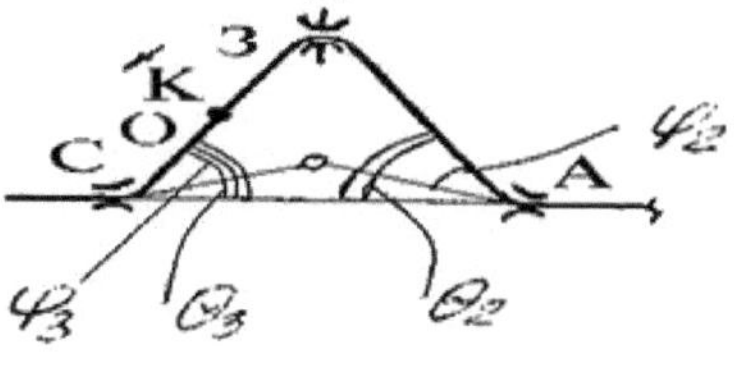

Fig. 2.5. Esquema do movimento da onda longitudinal na secção BC

$T_2 = T_3 e^{f_3(\theta_2+\theta_3)}$ (2.13), 3A equação de Euler na superfície (do compensador) assume a forma seguinte, em que f é o coeficiente de atrito dinâmico na face do compensador. 33As equações (2.10)-(2.13) formam um sistema de incógnitas relativas *X3*, *Y3*, T , in .

23 $\varepsilon_3 = \varepsilon_2 e^{-f_3(\theta_2+\theta_3)}$ Excluindo T e T das equações (2.12)-(2.13), encontramos (2-14)

Na secção CE (Fig. 2.1., Fig. 2.6.) a rosca tem uma forma horizontal e, portanto, para determinar os parâmetros de movimento desta região, temos as seguintes equações

$X_4' = a\varepsilon_4$ (2.15) $T_4 = \rho_0 a^2 \varepsilon_4$ (2.16) $T_3 = T_4 e^{f_4\theta_3}$ (2.17)

34Excluindo T e T das equações (2.16)-(2.17), encontramos $\varepsilon_4 = \varepsilon_3 e^{-f_4\theta_3}$ (2.18)

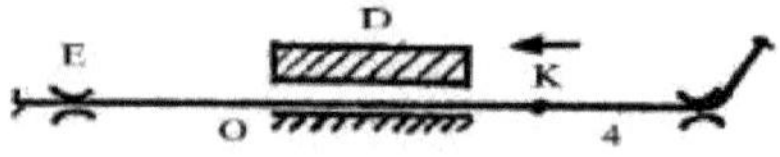

Figura 2.6. Esquema do movimento da onda longitudinal na secção CE

θ_5 A secção EF do filamento forma o ângulo (conhecido na prática). Os parâmetros da área 5 do filamento (Fig. 2.1., Fig. 2.7.) são determinados a partir das seguintes equações

$X_5' = a\varepsilon_5 \cos\theta_5$ (2.19) $Y_5' = a\varepsilon_5 \sin\theta_5$ (2.20) $T_5 = \rho_0 a^2 \varepsilon_5$ (2.21) $T_4 = T_5 e^{f_5\theta_5}$ (2.22)

A partir destas equações, encontramos $\varepsilon_5 = \varepsilon_4 e^{-f_5\theta_5}$ (2.23)

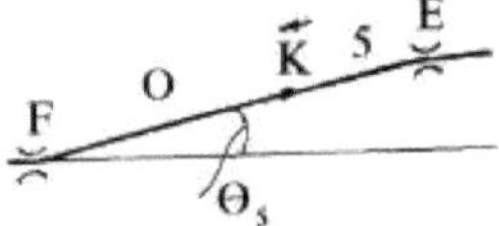

Fig. 2.7. Esquema do movimento da onda longitudinal na secção EF

Na secção FN - o ponto em que o fio sai da superfície da embalagem, o fio tem inicialmente uma forma curvilínea e não apresenta tensões.

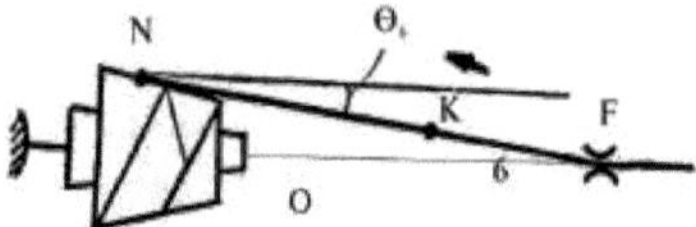

Fig. 2.8. Esquema do movimento da onda longitudinal na secção FN

Se inicialmente na secção FN o fio tinha uma forma rectilínea (Fig. 2.1., Fig. 2.8.). Então, para determinar os parâmetros de movimento da área 6 do filamento, temos as seguintes equações

$X_6' = a\varepsilon_6 \cos\theta_6$ (2.26) $Y_6' = a\varepsilon_6 \sin\theta_6$ (2.27)

$T_6 = \rho_0 a^2 \varepsilon_0$ (2.28) $T_5 = T_6 e^{f_6\theta_6}$ (2.29) $\varepsilon_6 = \varepsilon_5 e^{-f_6\theta_6}$ (2.30)

A suposição de retilinearidade do filamento só pode ter lugar até ao momento da chegada da onda longitudinal K ao ponto de convergência do filamento a partir da superfície do empacotamento. No ponto de fuga, o filamento tem duas componentes de velocidade tangenciais ao próprio filamento no ponto de fuga e uma velocidade circunferencial. E, portanto, a forma do movimento do filamento na região FN após a reflexão da onda longitudinal não será rectilínea. Como se depreende das equações (2.3, 2.4),(2.7, 2.8, 2.9), (2.13, 2.14), (2.17, 2.18), (2.22, 2.23), (2.29, 2.30) a tensão e a deformação do filamento atingem o valor máximo na região 1, pelo que na formulação acima a rotura do filamento só pode ocorrer na região 1 no momento do impacto. As soluções obtidas (2.3, 2.4), (2.7, 2.8, 2.9), (2.13, 2.14), (2.17, 2.18), (2.22, 2.23), (2.29, 2.30) devem ser consideradas como um esquema para o cálculo dos parâmetros de movimento durante a passagem inicial da onda de carga. Como se depreende da análise das soluções obtidas acima e dos resultados dos cálculos numéricos, a tensão mais elevada é atingida na região 1 e, por conseguinte, as roturas de rosca devem ocorrer imediatamente após a batalha e apenas na região 1 - se a tensão exceder o valor admissível no momento do arranque do anel isolante. No entanto, na prática, as rupturas de fio ocorrem em qualquer uma das regiões 1 - 6 (Fig. 2.4.-2.9.). As principais razões para tal podem ser a influência dos processos de reflexão e interação das ondas longitudinais nas secções da rosca, que podem resultar em: aumento instantâneo da tensão de T para 2T, a influência dos choques do travão e do compensador, bem como as condições de fronteira e as propriedades físicas e mecânicas da própria rosca. Considera-se a seguir o efeito de choque do travão na tensão do fio. Seja num dado instante de tempo t, depois de a onda K se deslocar para a esquerda da região 4 (Fig. 2.1., Fig. 2.9.), o dispositivo de travagem é acionado. Esta formulação do problema é bastante razoável, uma vez que a onda longitudinal K se desloca ao longo da linha com uma velocidade de cerca de 800 m/s. Como resultado do impacto do dispositivo de travagem, surgem na rosca duas ondas longitudinais P e Q (Fig. 2.9.). Como resultado, aparecem as regiões 7 e 8.

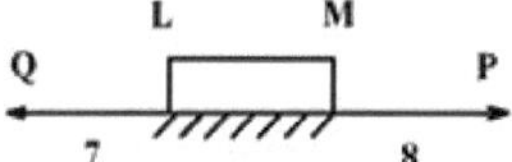

Fig. 2.9. Esquema do movimento de uma onda longitudinal aquando do impacto num fio

Considere-se a região 7. A onda longitudinal Q é uma onda de descarga. Com efeito, o travão, no ponto L, provoca uma paragem do movimento das partículas do fio. $X_7' - X_4' = a(\varepsilon_7 - \varepsilon_4)$ (2.31). $X_7'=0$, $X_4' = a\varepsilon_4$, $_{47}$Na frente de Q temos Mas como encontramos 0 - *as* = *as* - *as* da equação (31)$_4$

$\varepsilon_7 = 0$, $T_7 = \rho_0 a^2 \varepsilon_7 = 0$, Como se pode ver, na região 7 a deformação termina, ou seja, a região 7 passa a ser uma região de repouso. Consideremos a região 8. Provamos que na região 8 a deformação é igual ao dobro da deformação da região 4. Na frente P temos a seguinte equação $X_8' - X_4' = a(\varepsilon_4 - \varepsilon_8)$ (2.32)

$X_8' = 0$ M $X_8' = 0$. $X_8' = 0$ $0 - a\varepsilon_4 = a\varepsilon_4 - a\varepsilon_8$ Obviamente, uma vez que toda a região 8 é a região de parâmetros constantes e no ponto Substituindo na equação (2.32) obtemos

$\varepsilon_8 = 2\varepsilon_4$ (2.33)

Assim, no momento da travagem, o impacto do dispositivo na parte direita 84 duplica, o que se torna a causa da rutura do fio nos casos em que 84>[e] ou T8>[T]. Os quadros 2.1. e 2.2. apresentam os resultados dos cálculos da tensão e da deformação dos fios da trama na gama de velocidades de assentamento da trama de 20 a 26 m/s e os coeficientes de atrito dos fios contra as guias a f=0,l e f=0,2.

Tabela 2.1.

Resultados dos cálculos da deformação dos fios de trama por zonas

№	Velocidade de assentamento, m/s.	Deformação da espessura por zonas em %					
		£ 1	£2	£3	£4	£5	£6
1	20	2,5	2,47	2,41	2,38	2,35	2,32
			2,44	2,32	2,27	2,21	2,16
2	21	2,6	2,57	2,51	2,48	2,45	2,42
			2,54	2,42	2,36	2,30	2,25
3	22	2,8	2,76	2,70	2,67	2,64	2,61
			2,73	2,60	2,54	2,48	2,41
4	23	2,9	2,86	2,80	2,76	2,73	2,70
			2,83	2,70	2,63	2,57	2,51
5	24	h,o	2,96	2,89	2,86	2,82	2,79
			2,93	2,79	2,72	2,65	2,59
6	25	3,1	3,06	2,99	2,95	2,92	2,88
			3,03	2,88	2,81	2,74	2,68
7	26	h,h	3,26	3,18	3,14	h,n	3,07
			3,22	3,07	2,99	2,92	2,85

em que o numerador é o coeficiente de atrito da rosca contra as guias f = 0,1; o denominador é o coeficiente de atrito da rosca contra as guias f = 0,2.

Tabela 2.2.

Resultados dos cálculos da tensão do fio de trama por zona

№	Velocidade de assentamento, m/s.	Tensão da trama por zonas em cN.					
		T1	T2	Tz	T4	T5	T6
1	20	20,0	19,8	19,3	19,1	18,8	18,6
			19,5	18,6	18,2	17,7	17,3
2	21	20,8	20,6	20,1	19,8	19,6	19,4
			20,3	19,4	18,9	18,4	18,0
3	22	22,4	22,1	21,6	21,4	21,1	20,9
			21,8	20,8	20,3	19,8	19,3
4	23	23,2	22,9	22,4	22,1	21,8	21,6
			22,6	21,6	21,0	20,6	20,1
5	24	24,0	23,7	23,1	22,9	22,7	22,3
			23,4	22,3	21,8	21,2	20,7
6	25	24,8	24,5	23,9	23,6	23,4	23,0
			24,2	23,0	22,5	21,9	21,4
7	26	26,4	26,1	25,4	25,1	24,9	24,6
			25,8	24,6	23,9	23,4	22,8

em que o numerador é o coeficiente de atrito da rosca contra as guias f = 0,1; o denominador é o coeficiente de atrito da rosca contra as guias f = 0,2.

A análise dos quadros 2.1 e 2.2 mostra que os valores da tensão e das deformações aumentam na secção bobina - trama quando a velocidade de assentamento da trama aumenta e quando o coeficiente de atrito do fio contra os elementos de trabalho orientadores do mecanismo diminui. Como já foi referido, o travão de trama tem vários inconvenientes de conceção. O impacto do pé de choque do travão de trama e a natureza periódica do seu movimento contribuem para alterações cíclicas do fio de trama, resultando numa menor fiabilidade do processo de assentamento do fio de trama no galpão. Além disso, o mecanismo de travagem é um sistema complexo. Neste trabalho, determina-se a tensão do fio após o dispositivo de guia, que depende da tensão inicial, do ângulo de cobertura, da cinemática do fio, do coeficiente de atrito da guia (olho), mas também das propriedades geométricas da curva guia a partir da curvatura da curva. Se o ângulo de cobertura da guia da linha for aumentado gradualmente, a tensão da linha aumenta naturalmente, com uma tensão inicial constante. Com base no aumento do ângulo de cobertura do fio da guia, os freios de trama sem choque são selecionados e desenvolvidos, onde no período de aceleração e no início do movimento da chumbada a força de fricção do fio será igual a zero, uma vez que o compensador 1 está na posição inferior I, e não há contacto da superfície de travagem da sapata 2 com a chumbada 3 (Fig. 2.14) ou nenhum contacto da chumbada 4 com a esfera 3 (Fig. 2.15). No final da inserção da chumbada, o compensador desloca-se para cima (para a posição II, Fig. 2.14) e coloca a rosca 3 em contacto com a superfície de travagem da sapata 2, verificando-se um aumento gradual do ângulo de atrito da rosca contra a superfície de travagem do sistema. Consequentemente, a tensão total da rosca T é constituída pela tensão mínima constante T, criada pelo pé e pela placa, e pela tensão adicional criada pelo material de atrito do suporte e pela posição do compensador.

Л

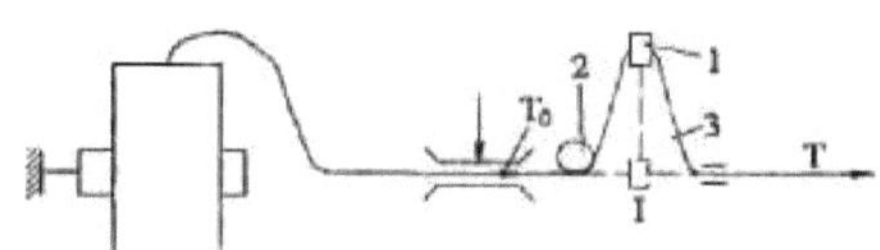

Fig. 2.14. Diagrama esquemático do travão de trama modernizado

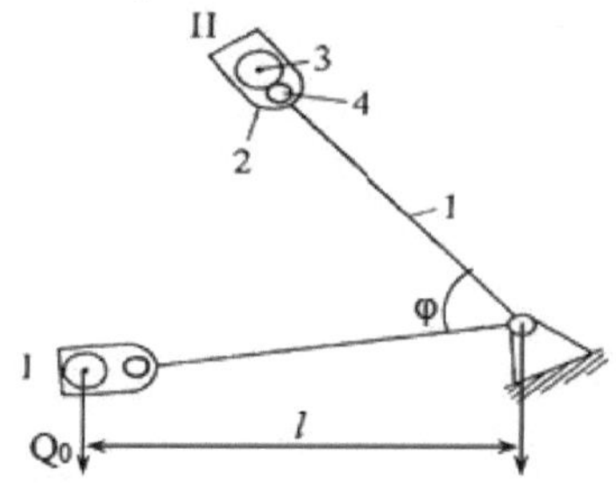

Fig. 2.15. Diagrama esquemático do travão de trama modernizado

Durante a colocação da trama, o compensador 1 toma a posição inferior I (Fig. 2.15), o novelo 3 afasta-se da linha 4, a tensão da linha é mínima. No final da colocação da trama, o compensador passa para a posição II, o noveloZ pressiona gradualmente a linha4. A pressão máxima do novelo sobre o fio encontra-se na posição mais alta II, pelo que a tensão do fio será máxima durante este período. A análise dos oscilogramas (Fig. 2.16.) mostra que o pico máximo é obtido no momento do início do enrolamento do fio de trama a partir da bobina fixa, mas este pico é 1,5-2 vezes menor do que no modelo existente (ver Fig. 2.2.). Vamos caraterizar por zonas a tensão do fio de trama durante o processo de assentamento com a conceção modernizada do freio de trama (Fig. 2.16.). A zona 1 começa no momento da aceleração do tear de trama (140° do eixo principal). A zona termina quando a máquina de trama atinge a sua velocidade máxima. Juntamente com a trama, uma determinada secção do fio também se move, a velocidade muda de zero para 20-26 m/s num período de tempo muito curto (0,006 s). A tensão nesta secção muda de zero para um valor qualquer, não significativo no oscilograma.

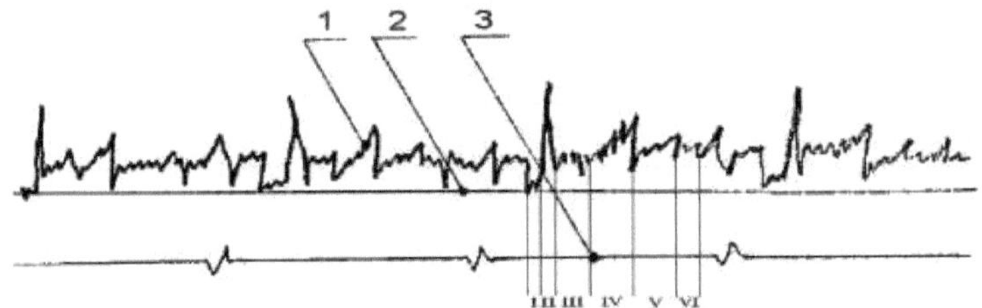

Fig. 2.16. Oscilograma da tensão do fio de trama

O fio que segue o ilhó é selecionado a partir da secção de voo livre preparada pelo compensador. A zona 2 corresponde ao início do voo do fio de tecelagem com o fio de trama a segui-lo através da calha. Começa no momento da diminuição da tensão do fio, quando o compensador ainda não selecionou o fio de reserva. A zona 2 termina antes do primeiro pico máximo da curva de tensão. Esta tensão é a tensão máxima, que é criada pela inércia do fio e das anilhas de travão. O fio condutor passa para 26 m/s num espaço de tempo muito curto, vencendo a resistência das anilhas do travão, pois o processo de introdução da trama no galpão permite reduzir o pico de tensão por um fator de cerca de 1,5 a 2 vezes superior ao do travão existente. A tensão nesta zona depende do ângulo de avanço do compensador, da densidade linear do fio de trama, do peso do fio, da secção com folga, da homogeneidade da folga do fio e da tensão inicial das anilhas do freio. A zona 3 caracteriza-se pelo facto de a tensão se estabilizar após uma ligeira diminuição e se manter mais uniforme ao longo do intervalo. A tensão nesta zona depende das condições de enrolamento a partir da bobina de alimentação, do coeficiente de atrito do fio sobre os elementos-guia e dos ângulos do fio que os cobrem. Este período dura até que o condutor do compensador comece a levantar-se. A zona 4 começa com um certo aumento da tensão do fio, cujo valor depende da densidade linear da trama, da velocidade do tecelão da trama, das condições de enrolamento a partir da bobina de alimentação e da pressão da mola na anilha de travão. A tensão nesta zona é a soma da tensão na zona 3 mais o efeito de travagem do perfil do ângulo do travão. A zona 5 do ciclo de passagem da trama pelo galpão começa no momento em que o tecelão passa por baixo do primeiro travão da caixa de recolha. Este momento caracteriza-se por uma diminuição acentuada da velocidade de assentamento e da secção inicial do fio em movimento. Na curva de tensão do fio, este momento corresponde a uma diminuição da tensão do ângulo do travão com o fio; com a elevação posterior do compensador 9, a tensão aumenta gradualmente até um determinado valor. A tensão do fio nesta zona depende da tensão nas zonas anteriores, da velocidade de chegada do esticador, da densidade linear do fio, da pressão da mola sobre as anilhas e da forma geométrica do perfil do ângulo de travagem. A zona 6 da curva de tensão começa com o início do retorno do tecelão. Caracteriza-se por uma tensão constante ao longo de todo o intervalo, com flutuações muito ligeiras em determinados pontos. A zona 6 é particularmente necessária para criar uma certa tensão no fio de trama. Após o regresso do separador de trama, o fio de trama centrado, que tem uma certa tensão necessária para a formação normal do tecido, é agarrado pelas maxilas do separador de trama. O troço de fio que se encontra na zona e é agarrado pelas pinças da formadora de ourelas é cortado de um outro troço que se desenrola da bobina, a extremidade do fio de trama é retirada pelo retornador de trama para a posição inicial para ser transferida para o tecelão. O método de cálculo das alterações dos parâmetros do movimento do fio em interação com os mecanismos existentes de colocação e travagem da trama é considerado na secção, que se baseia na teoria da propagação de ondas num meio elástico. A conceção modernizada do mecanismo de travagem da trama exclui os efeitos de choque no fio da trama na secção CE (ver figura 2.6) e prevê a instalação da sapata do travão 2 (figura 2.14) no ponto C da secção CE (ver figura 2.6). Consideremos a influência da modernização do enchimento sobre a tensão e a deformação das roscas na secção CE (ver figura 2.17).

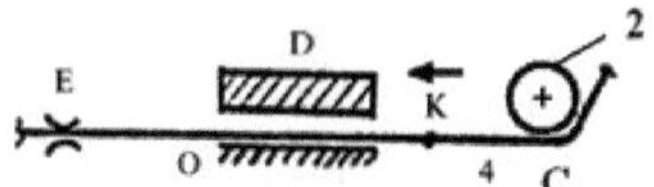

Figura 2.17.

Na secção CE, para determinar os parâmetros de movimento desta região, temos as seguintes equações $\dot{X} = a\varepsilon_4$ (2.15`) $T_4 = \rho_0 a^2 \varepsilon_4$ (2.16`)

$T_3 = T_4 e^{f_4 \theta_3}$ (2.17`), θ_3 em que f) é o coeficiente de atrito da rosca contra o calço do travão 2; é o ângulo de atrito da rosca contra o calço do travão 2. $_3$ $\varepsilon_4 = \varepsilon_3 e^{-f_4 \theta_3}$ $_3$Excluindo T e Td das equações (2.16') e (2.17'), determinamos . Os quadros 2.3 -2.4 mostram os cálculos da deformação f e da tensão Td do sistema de travagem modernizado quando se altera o ângulo de atrito 0 e o coeficiente de atrito do filamento contra os corpos de trabalho do mecanismo. A análise mostra que, à medida que o ângulo de atrito do filamento contra o calço do travão aumenta, a deformação e a tensão da chumaceira na secção à frente do sistema modernizado diminuem. Esta redução é mais acentuada quando o coeficiente de atrito do fio contra o corpo de travagem do mecanismo aumenta. Com o aumento da velocidade de enfiamento da trama, a deformação e a tensão da trama aumentam.

Tabela 2.3.

V = 20 m/s

№	Valor do coeficiente de atrito da rosca contra o calço do travão, f	Deformação ed e tensão Td do sumidouro com um ângulo de atrito de 0z graus				
		14	28	42	56	70
1	0,1	2,35	2,30	2,24	2,18	2,13
		18,8	18,4	17,9	17,4	17,0
2	0,2	2,30	2,19	2,08	1,98	1,89
		18,4	17,5	16,6	15,8	15,1
3	0,3	2,24	2,08	1,93	1,80	1,67
		17,9	16,6	15,4	14,4	13,4
4	0,4	2,18	1,98	1,80	1,63	1,48
		17,4	15,8	14,4	13,1	11,8
5	0,5	2,13	1,90	1,67	1,48	1,31
		17,1	15,8	13,4	11,8	10,5
6	0,6	2,08	1,80	1,55	1,34	1,16
		16,8	14,4	12,4	10,7	9,3

em que o numerador é o valor da unidade de deformação o denominador é o valor da tensão Td

Tabela 2.4.

V = 23m/s

№	Valor do coeficiente de atrito da rosca contra o calço do travão, f	Deformação ed e tensão Td do sumidouro com um ângulo de atrito de 0z graus				
		14	28	42	56	70
1	0,1	2,73	2,67	2,60	2,54	2,48
		21,8	21,4	20,8	20,3	19,8
2	0,2	2,67	2,54	2,42	2,30	2,19
		21,4	20,4	19,4	18,4	17,5
3	oh,h	2,60	2,42	2,25	2,09	1,94
		20,8	19,4	18,0	16,7	15,5
4	0,4	2,54	2,30	2,09	1,89	1,72
		20,3	18,4	16,7	15,1	13,8
5	0,5	2,48	2,19	1,94	1,72	1,52
		19,8	17,5	15,5	13,8	12,2
6	0,6	2,42	2,09	1,80	1,56	1,35
		19,4	16,7	14,4	12,5	10,8

em que o numerador é o valor da unidade de deformação o denominador é o valor da tensão Td

Tabela 2.5.

V = 26m/s

№	Valor do coeficiente de	Deformação £4 e tensão T4 do sumidouro com um ângulo de atrito de

	atrito da rosca contra o calço do travão, f	0z graus				
		14	28	42	56	70
1	0,1	3,10	3,03	2,96	2,88	2,81
		24,8	24,2	23,7	23,0	22,5
2	0,2	3,03	2,88	2,75	2,62	2,49
		24,2	23,0	22,0	21,0	19,9
3	oh,h	2,96	2,75	2,55	2,37	2,21
		23,7	22,0	20,4	19,0	17,7
4	0,4	2,88	2,62	2,37	2,15	1,95
		23,0	21,0	19,0	17,2	15,6
5	0,5	2,81	2,49	2,20	1,95	1,73
		22,5	19,9	17,6	15,6	13,8
6	0,6	2,75	2,37	2,05	1,77	1,53
		22,0	19,0	16,4	14,2	12,2

em que o numerador é o valor da unidade de deformação
o denominador é o valor da tensão T.(

A tensão da trama deve ser diferente em determinados períodos do tear. A tensão da trama deve ser minimizada no início da inserção da trama e, no final da inserção da trama, deve haver uma tensão adicional para a travagem da trama, o que evita a formação de laços no galpão do lado da caixa de recolha. Quando o tecelão regressa, a trama deve ser apertada com o compensador, enquanto a trama tem a travagem máxima para evitar que a trama se enrole e saia da bobina. A tensão dos fios da trama antes da recolha da trama pode ser determinada pela seguinte expressão

$$T = T_o + T_K + T_T \qquad (2.34)$$

$_{OKT}$em que T - tensão de pré-carregamento da trama criada pelo dispositivo de travagem permanente; T - tensão da trama dependente da rigidez do fio de trama, do coeficiente de atrito e do ângulo de atrito no olho do compensador; T - tensão adicional da trama criada pelo corpo rolante (carga) ou pelo atrito da superfície de travagem da sapata e pela posição do compensador. A tensão de enchimento preliminar é determinada por

$$T_o=Nf_1+Nf_2=N(f_1+f_2)=2Nf \qquad (2.35)$$

em que N - pressão normal sobre o fio no dispositivo de travagem; *f*, *f* - coeficientes de atrito do fio contra a placa superior e inferior, respetivamente. $_{OK}$De acordo com L Euler, a relação entre o ramo de entrada T e o ramo de saída T tem a seguinte expressão e depende do ângulo de atrito (a) e do coeficiente de atrito (/) do filamento contra o olhal do compensador (Fig. 2.18). $_{KO}$ $(f \cdot \alpha)$ (2.36). T = T - ehr . Da Fig. 2.18 resulta que o ângulo de atrito pode ser determinado da seguinte forma

$$\alpha = \varphi + \beta,$$

onde $\varphi = (90^0 - \varphi_1)$, $\beta = (90^0 - \beta_1)$, $tg\varphi_1 = \frac{l_1}{S}$, $tg\varphi_2 = \frac{l_2}{S}$

$_{22}$ $\varphi, \varphi_1, \beta, \beta_1$ Considerando que '/ e *l* são valores constantes e podem ser determinados na prática no tear *li* = *l* 75 mm e que o movimento do compensador S tem uma amplitude de O a 200 mm, é possível determinar os valores dos ângulos e o ângulo de atrito a da trama contra o olho do compensador.

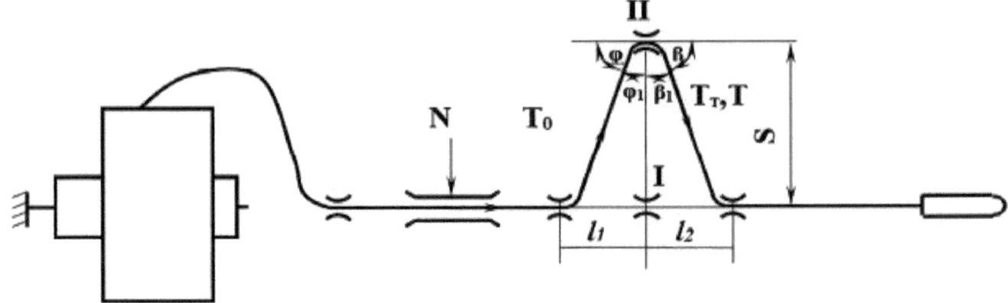

Fig. 2.18. Cálculo da tensão do fio de trama antes das bobinas de trama

$\varphi, \varphi_1, \beta, \beta_1$ A tabela 2.6 mostra os resultados do cálculo dos ângulos e do ângulo de atrito do fio no olho em função da posição do compensador de trama.

Tabela 2.6.

Resultados do cálculo do ângulo em função da posição do compensador

№	Ângulos em graus	Deslocação do compensador, S, mm										
		0	20	40	60	80	100	120	140	160	180	200
1	Φ1	90	75	62	51	43	37	32	28	25	23	21
2	Φ	0	15	28	39	47	53	58	62	65	67	69
3	₱1	90	75	62	51	43	37	32	28	25	23	21
4	₱	0	15	28	39	47	53	58	62	65	67	69
5	a	0	30	56	78	94	106	116	124	130	134	138

O quadro 2.6 mostra que o ângulo de atrito máximo a do fio contra o olhal se situa na posição mais alta do compensador de trama. $_{\text{KO}}$A fórmula de Euler (2.36) dá a mesma tensão do fio T para um dado ângulo de perímetro a e a mesma tensão do ramo de entrada T, independentemente da forma do olhal de guia em que se encontra o compensador de trama. Por exemplo, para cilindros circulares com diâmetros diferentes e com os mesmos ângulos de perímetro, a tensão do fio é a mesma. O que é certo é que a tensão do fio não pode ser a mesma para diferentes formas da guia do cilindro onde se encontra o compensador de trama. Ela pode ser maior para algumas formas de cilindro e menor para outras. Consideremos o caso em que as guias cilíndricas têm uma forma circular. $_{\text{K}}$Para um fio de comprimento *l* que desliza ao longo da circunferência, com o arco de cobertura igual a (g-a*)* e dependendo da rigidez da trama, a tensão do fio (T) é a seguinte
tipo

$$T_{\kappa} = \frac{2K_{\text{н}} \cdot r \cdot f}{1+f^2}\left(e^{f\alpha} + \frac{1-f^2}{2f} \cdot \sin\alpha - \cos\alpha\right) \qquad (2.37)$$

$_{\text{H}}$em que K é a rigidez do fio de trama, dependendo do tipo de fibra e da densidade linear do fio, cn/mm; *f é* o coeficiente de atrito do fio contra o olhal guia do compensador; a é o ângulo de atrito do fio contra o olhal guia do compensador; d é o raio de atrito do fio contra o olhal guia do compensador.

$_{KH}$De acordo com a fórmula (2.37), calculámos a tensão da trama T em função da posição do compensador para diferentes valores do raio de atrito, do coeficiente *de atrito* e da rigidez dos fios de trama (Apêndice 1), que são apresentados nas Fig. 2.19-2.22. Dos gráficos conclui-se que, em todas as variantes, com o aumento dos parâmetros g, *f* K, a tensão da trama aumenta, com a maior influência do coeficiente de atrito e da rigidez dos fios. $_T$ $T_T = Q\cdot(f_1 + f_2)$ $T_T = 2\cdot Q\cdot f$ (2.38).A tensão do fio T , criada pelo elemento de rolamento do compensador de acordo com a Fig. 2.15, é determinada por ou , em que Q é a pressão normal sobre o elemento de rolamento.

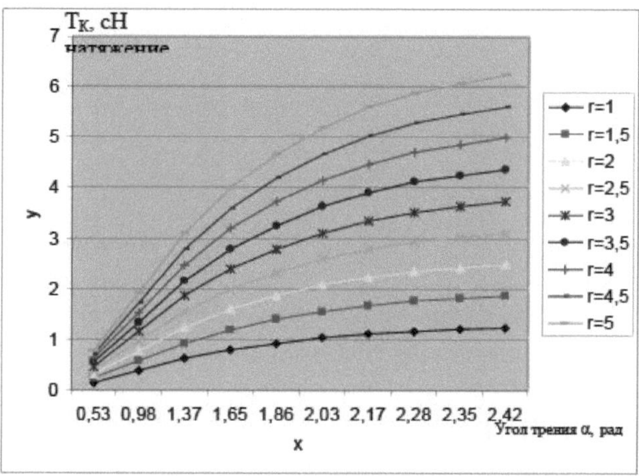

Fig. 2.19. Gráfico da variação da tensão de afundamento em função do ângulo de atrito em diferentes raios de atrito

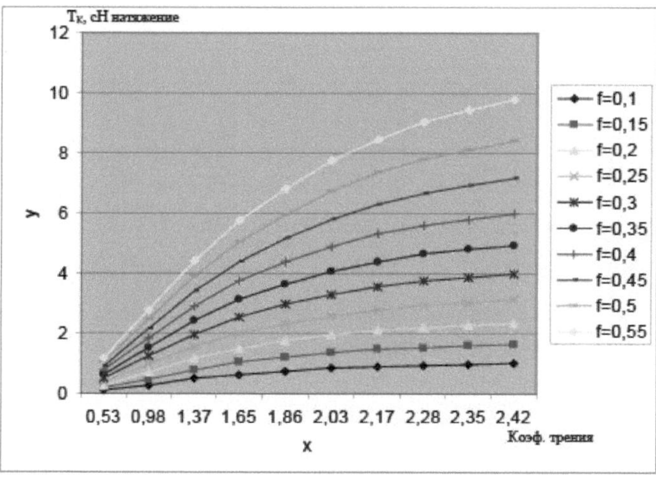

Fig. 2.20. Gráfico da variação da tensão da chumbada em função do ângulo de diferentes coeficientes de atrito

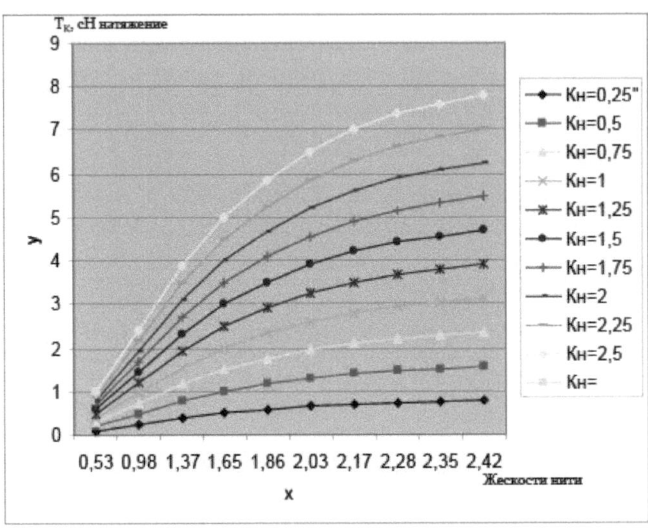

Fig. 2.21.Gráfico da variação da tensão da trama em função do ângulo de atrito com diferentes rigidezes do fio

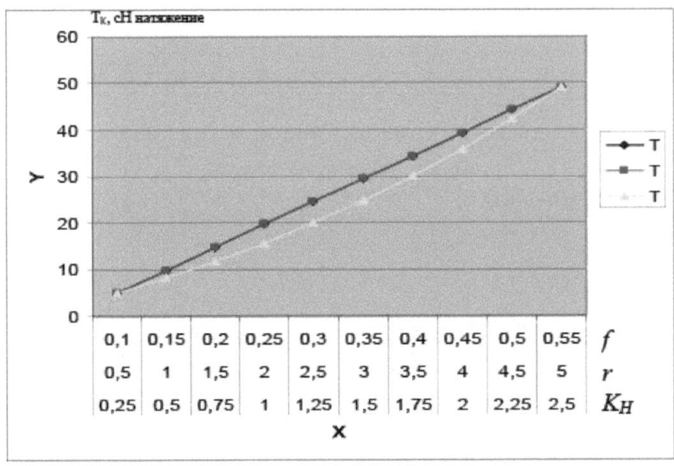

Fig. 2.22. Gráfico da variação da tensão da trama em função do ângulo de atrito para diferentes raios de atrito, coeficiente de atrito, rigidez do fio

Nesta equação, a pressão normal tem um valor variável e depende da posição do compensador, ou seja, do ângulo de oscilação y (Fig. 2.15)

$$Q = Q_0 \cdot \sin\psi = Q_o \cdot \frac{S}{l} \quad (2.39) \qquad \sin\psi = \frac{S}{l}$$

Substituindo (2.39) em (2.38) obtém-se $T_T = 2Q_o \cdot \frac{S}{l}$ (2.40)

O valor do deslocamento do compensador é conhecido S=0-200 mm e o comprimento do compensador l = 203 mm. (ψ) A Tabela 2.7 mostra os cálculos do ângulo de oscilação do compensador e a pressão normal da carga na rosca (Q).

Tabela 2.7.

Resultados do cálculo do ângulo de oscilação do compensador e da pressão de carga variável na coluna

№	Nome		Deslocamento do compensador, mm, S									
			20	40	60	80	100	120	140	160	180	200
1	Ângulo de oscilação do compensador y deg		5	11	17	23	29	36	43	52	62	80
2	arcsin y		0,098	0,197	0,296	0,394	0,493	0,591	0,69	0,788	0,887	0,985
3	Peso da carga gr.	5	0,49	0,99	1,48	1,97	2,46	2,96	3,45	3,94	4,44	4,93
4		10	0,98	1,97	2,96	3,94	4,93	5,91	6,90	7,88	8,87	9,85
5		15	1,47	2,96	4,44	5,91	7,40	8,87	10,35	11,82	13,31	14,78
6		20	1,96	3,94	5,92	7,88	9,86	11,82	13,80	15,76	17,74	19,7

Substituindo (2.40), (2.37) e (2.35) em (2.34) obtém-se a tensão total dos fios de trama durante o processo de tecelagem.

$$T = 2Nf + \frac{2K_{\kappa} \cdot r \cdot f}{1+f^2}(e^{f\alpha} + \frac{1-f^2}{2f} \cdot \sin\alpha - \cos\alpha) + 2Q_o \cdot f\frac{S}{l} \qquad (2.41)$$

Como se pode ver, a fórmula (2.41) tem em conta a rigidez da trama (tipo e densidade linear do fio), o coeficiente de atrito, o raio de atrito, a posição do compensador e a pressão do peso sobre o fio no compensador. $_{\text{окт}}$ **=10 сн; Q_o=10 сн,** $K_{\kappa} = 1\frac{CH}{MM}$; O quadro 2.8 apresenta os resultados do cálculo da tensão de enchimento (T), da tensão devida à rigidez do fio (T) no olhal do compensador, da tensão criada pelo peso (T) no compensador, com os seguintes valores de parâmetro *f=0*,25; os valores a são retirados do quadro 2.7. *mm.*

Tabela 2.8.

Resultados do cálculo da tensão da chumbada em função da posição do compensador

Tensão do fio de trama, cf.	Deslocamento do compensador, mm, S									
	20	40	60	80	100	120	140	160	180	200
Tensão de enchimento do lava-loiça, CH., Tho.	5	5	5	5	5	5	5	5	5	5
$_{\kappa}$Tensão utochina da rigidez do fio no compensador cn., T .	1,4	2,7	h,h	4,0	4,3	4,4	4,5	4,5	4,5	4,5
$_{T}$Tensionamento do compensador de açude i	0,5	1,0	1,5	2,0	2,5	h,o	3,5	4,0	4,5	4,9

Da carga, cf., T .										
Tensão total da utocina, cn.,T.	6,9	8,7	9,8	n,o	П,8	12,4	13,0	13,5	14,0	14,4

A análise do quadro mostra que a tensão total (T) da trama aumenta à medida que o compensador é deslocado para cima. Propõe-se um dispositivo para medir o coeficiente de atrito dos materiais têxteis, que consiste num dinamómetro situado numa plataforma móvel e ligado à extremidade de um fio têxtil, estando o fio têxtil em contacto com o material em estudo, empilhado na ranhura longitudinal do cilindro. A outra extremidade do fio têxtil é carregada com uma carga constante. O material em estudo, consoante os pares de atrito, pode ser metálico, não metálico (plástico, madeira, borracha, etc.), fibras têxteis (algodão, lã, linho, seda e suas misturas, etc.). A Fig.2.17 mostra um dispositivo para medir o coeficiente de atrito de materiais têxteis.

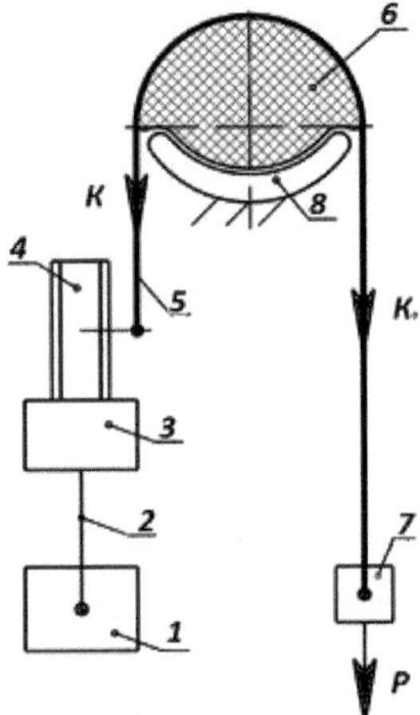

Fig. 2.17. Diagrama esquemático do dispositivo para medir o coeficiente de atrito de materiais têxteis.

O dispositivo contém um acionamento 1, uma união roscada 2, uma plataforma móvel 3 e um dinamómetro 4. Um fio têxtil 5 é lançado sobre a superfície do material em estudo 6, com uma extremidade (o ramo principal) ligada ao dinamómetro 4 e a outra extremidade (o ramo secundário) a um peso constante 7. O material em estudo 6 é colocado numa ranhura longitudinal do cilindro estacionário 8. O acionamento 1 desloca a plataforma 3 para baixo por meio da união roscada 2 e, juntamente com ela, o dinamómetro 4. O fio têxtil 5 encontra-se na superfície do material 6 num estado de equilíbrio devido ao peso constante 7. Uma descida mais acentuada do dinamómetro 4 provoca o deslizamento do fio 5 sobre a superfície do material 6. $_o$No momento do toque (início do deslizamento) do fio têxtil 5 sobre a superfície da matéria 6 estudada, efectuam-se leituras na escala do dinamómetro 4, que corresponde à tensão *K do* ramo condutor do fio 5, e o valor do peso constante 7 corresponde à tensão *K* do ramo condutor do fio 5.

O coeficiente de *atritof* na superfície de contacto entre o fio têxtil 5 e o material a ensaiar é calculado de acordo com a fórmula $\alpha = \pi$

$$f = \frac{\lg K - \lg K_0}{\alpha \cdot \lg e} \qquad (2.1)$$

,em que: K - tensão do ramo condutor do fio 5 é determinada pela balança dinamométrica 4; K - tensão do ramo escravo do fio 5 é determinada pelo peso do peso constante 7; a - ângulo de perímetro (ângulo de atrito) do material 6 pelo fio têxtil 5, em radianos.

O momento do contacto (início do deslizamento) do fio têxtil 5 sobre a superfície do material de ensaio 6 corresponde ao coeficiente de atrito em repouso. O deslizamento uniforme posterior do fio têxtil 5 sobre a superfície do material de ensaio 6 corresponde ao coeficiente de atrito em movimento. Uma mudança brusca de velocidade (por meio do acionamento 1) do movimento do fio têxtil 5 sobre a superfície do material ensaiado 6 corresponde ao coeficiente de atrito da velocidade de deslizamento. Da mesma forma, determinar o coeficiente de atrito em repouso, em movimento e em velocidade de deslizamento para os pares de atrito do fio 5 e do material 6 de diferentes estruturas, encaixando estes últimos nas ranhuras do cilindro fixo 8. Isto deve-se ao facto de o fio em movimento contactar com os corpos de trabalho das máquinas, dispositivos e aparelhos com diferentes velocidades, cargas e corpos de atrito (metal, plástico, madeira, borracha, etc.). Além disso, nos produtos, o fio e a fibra interagem entre si e contactam com materiais têxteis (algodão, lã, linho, seda e suas misturas, etc.) na formação de tecidos de malha, tecidos e não tecidos. As dimensões do cilindro 8 são determinadas pelas dimensões do material 6 que está a ser examinado, as quais não devem exceder 2/3 do diâmetro do material 6. Uma vez que a ultrapassagem desta dimensão provoca um atrito adicional do fio têxtil 5 contra o cilindro 8, o que leva a uma distorção significativa dos resultados do estudo do coeficiente de atrito. A repetibilidade do estudo é assegurada pela reversibilidade do acionamento 1, ou seja, a instalação da plataforma 3 e do dinamómetro 4 na posição inicial (superior) através da união roscada 2. O valor do coeficiente de atrito foi calculado com base na fórmula (2.1). ^{0}As experiências foram efectuadas com um ângulo de atrito constante igual a 18O , ou seja, a = l. $\alpha = \pi$. A Tabela 2.8 mostra os resultados do cálculo do coeficiente de atrito para diferentes diâmetros e superfícies de atrito Co=1Ogr e , diferentes densidades lineares, fios de algodão e fios de seda natural. Da Tabela 2.8 resulta que, no início do deslizamento do fio sobre a superfície, o coeficiente de atrito em repouso, correspondente a todas as variantes da experiência, é superior aos valores do coeficiente de atrito em movimento, correspondente ao estado do par de atrito (fio-superfície) em movimento uniforme. O valor mais pequeno do coeficiente de atrito ocorre quando se utiliza metal na superfície de atrito, e o maior quando se utiliza borracha na superfície de atrito. À medida que o raio de atrito da superfície de atrito e a densidade linear dos fios aumentam, o coeficiente de atrito aumenta. Os fios de seda natural têm um coeficiente de atrito mais baixo do que os fios de algodão.

Tabela 2.8.

Resultados do cálculo do coeficiente de atrito em função do diâmetro e do estado das superfícies de fricção e da densidade do fio

№	Densidade linear do fio, tipo de fio tex	Condição do par de fricção	Diâmetros das superfícies de fricção, mm					
			2	3	4	5	6	8
1	15.4 algodão	No início do movimento, em repouso	0,22 0,41	0,25 0,44	0,29 0,47	0,32 0,51	0,35 0,54	0,37 0,55
		Movimento uniforme	0,20 0,39	0,22 0,41	0,25 0,44	0,28 0,46	0,32 0,51	0,35 0,54
2	15x2 algodão	No início do movimento, em repouso	0,28 0,48	0,29 0,48	0,32 0,51	0,34 0,53	0,37 0,55	0,39 0,58
		Movimento uniforme	0,27 0,44	0,28 0,46	0,29 0,48	0,34 0,49	0,34 0,53	0,36 0,56
3	15x3 x/b	No início do movimento, em repouso	0,32 0,51	0,34 0,52	0,36 0,55	0,38 0,57	0,40 0,59	0,43 0,62
		Movimento uniforme	0,29 0,48	0,32 0,51	0,35 0,54	0,36 0,55	0,38 0,57	0,40 0,59
4	15x4 x/b	No início do movimento, em repouso	0,37 0,55	0,38 0,57	0,40 0,59	0,41 0,59	0,43 0,61	0,45 0,64
		Movimento uniforme	0,35 0,54	0,37 0,55	0,38 0,57	0,38 0,57	0,40 0,58	0,41 0,60
5	2,33x5 n/w	No início do movimento, em repouso	0,19 0,38	0,20 0,39	0,20 0,41	0,25 0,44	0,27 0,46	0,29 0,49
		Movimento uniforme	0,15 0,33	0,17 0,35	0,19 0,37	0,22 0,40	0,24 0,43	0,28 0,47
6	2,33x10 n/w	No início do movimento, em repouso	0,25 0,44	0,27 0,45	0,29 0,48	0,30 0,48	0,32 0,51	0,35 0,55
		Movimento uniforme	0,22 0,43	0,24 0,43	0,27 0,45	0,28 0,46	0,30 0,49	0,33 0,51
7	2,33x15 n/w	No início do movimento, em repouso	0,30 0,49	0,32 0,51	0,34 0,53	0,37 0,56	0,38 0,57	0,41 0,60
		Movimento uniforme	0,28 0,47	0,29 0,48	0,32 0,51	0,33 0,51	0,35 0,54	0,38 0,58
8	11,6x2 n/a	No início do movimento, em repouso	0,25 0,43	0,27 0,45	0,28 0,46	0,30 0,49	0,33 0,51	0,36 0,55
		Movimento uniforme	0,22 0,41	0,22 0,42	0,25 0,44	0,28 046	0,30 049	0,34 0,53

em que: numerador - valores do coeficiente de atrito da rosca contra o metal; denominador - valores do coeficiente de atrito da rosca contra a borracha.

O terceiro capítulo contém "Investigações sobre a tensão da teia em teares de microespaçadores para a tecelagem de camisas". No tear de microespaçadores com um tear sem lançadeira, a tensão da teia é regulada durante um ciclo da máquina através de um sistema de escalo móvel. Mais precisamente, o aumento da tensão da urdidura durante a formação do galpão é compensado pela deflexão do escalo. No entanto, a experiência de funcionamento destas máquinas, bem como uma série de estudos, demonstraram que o mecanismo do escalpe oscilante em máquinas em série não compensa totalmente a deformação da teia durante a formação do galpão. Os diferentes padrões de carga repetida do fio no tear durante o funcionamento têm efeitos diferentes na intensidade da acumulação de alongamento plástico, ou seja, na fadiga do fio. A menor fadiga dos fios de algodão é causada por cargas múltiplas, em que, em cada ciclo, a carga máxima é aplicada ao fio durante um curto período de tempo, enquanto a maior parte do período é gasta no repouso do fio no estado descarregado (Fig. 3.1). Consequentemente, para preservar as propriedades tecnologicamente úteis do fio, o processo de tecelagem deve ser construído de forma a que a variação da tensão do fio seja próxima da curva da Fig. 3.1, ou seja, a carga deve ser curta e o repouso no estado descarregado deve ser relativamente longo. Além disso, é necessário procurar reduzir a magnitude absoluta das cargas e reduzir a amplitude da sua variação de modo a que o produto Pmax(Pmax-Pmin) seja o mais pequeno. O diagrama de tensão da teia na Fig. 3.2 mostra que a teia está sujeita a uma carga relativamente elevada durante a maior parte do tempo do ciclo do tear, enquanto a teia está sujeita a uma carga mínima apenas durante o período de amaciamento, durante um tempo de ciclo muito curto.

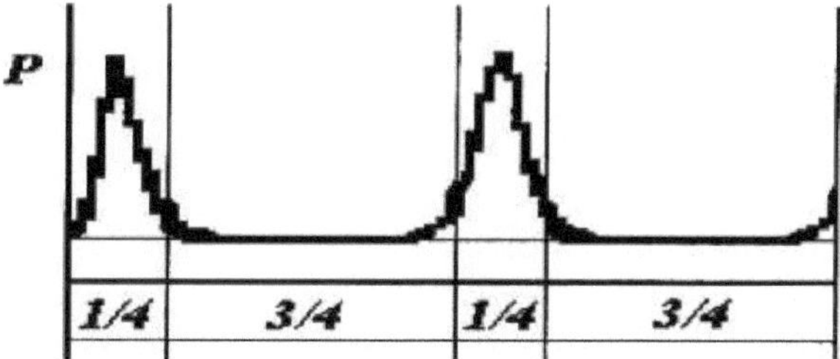

Fig. 3.1. Regularidade das cargas múltiplas no fio durante o funcionamento do tear

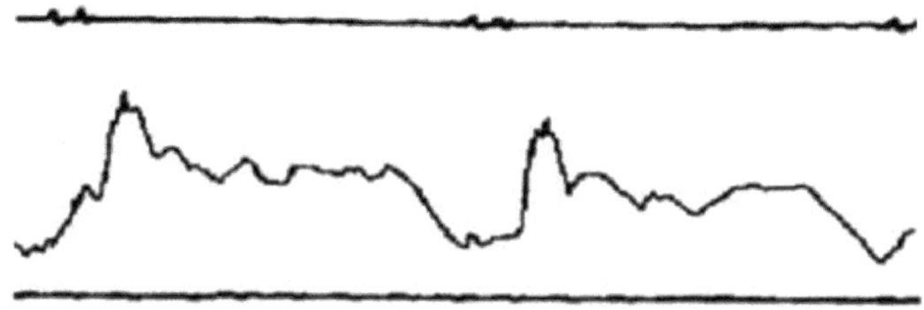

Fig.3.2: Oscilogramas de tensão de urdidura para o sistema de escalo existente

Para reduzir a fadiga do fio, a tensão de descarga deve ser reduzida, como mostra a curva da Fig. 3.1. Durante a descarga, não é desejável uma tensão de urdidura elevada. Esta deve ser tal que a altura do galpão seja mantida no galpão aberto e que os fios fracamente esticados não fiquem colados. Um método para obter esta lei de variação da tensão de urdidura é o método de enrolamento forçado do escalo. Este método consiste em reduzir a tensão total de enchimento da teia para o valor mais baixo possível. No entanto, no momento em que a trama é surfada até ao bordo do tecido, a tensão da teia é aumentada à força até ao nível necessário para criar condições normais de surf da trama. Como resultado do trabalho de otimização da alteração da tensão de urdidura no tear, propusemos uma nova conceção de um sistema de escalo móvel (Fig. 3.3), que consiste num escalo 1 localizado nos ombros de alavancas de três ombros 2 colocadas nos rolamentos de suporte. Os segundos braços das alavancas 2 são carregados pela mola 3 e o terceiro braço está cinemáticamente ligado ao eletroíman 4 por meio da haste 5 e da armadura 6. O funcionamento do eletroíman 4 é controlado por meio de um sincronizador do ciclo do tear, que tem a forma de um disco de textolite 7, situado no eixo principal, e de um íman permanente 8 com um determinado comprimento de arco, embutido na superfície do disco 7. O íman 8 actua sobre o interrutor de palheta 9 do sincronizador ligado por meio do controlo do eletroíman, feito sob a forma de um retificador controlado 10. Este sistema de escalo funciona de acordo com o método de balanço forçado do escalo. Aquando da produção do tecido, a tensão de enchimento dos fios de teia é fixada a um nível mínimo, suficiente apenas para garantir que, quando a cala está aberta, a sua altura seja mantida e que, no momento da marcação, não haja colagem de fios pouco esticados. Por esta razão, durante o desfolhamento, o aumento da tensão de urdidura é insignificante e tende para zero. Durante a fase de desfolhamento, o disco 7 leva o íman permanente 8 até ao interrutor reed 9 e fecha o contacto. Em consequência, o sincronizador do ciclo da máquina fornece um impulso ao retificador controlado 10, que fornece energia à bobina do eletroíman 4. Os pólos atraem a armadura 6, que através da haste 5 e do braço adicional da alavanca 2 cria um momento adicional no sistema móvel do escalo, o que leva a um aumento da tensão dos fios de teia até ao valor necessário para a superfície da trama até à borda do tecido. Após a surfa, o disco 7 afasta o íman permanente 8 do interrutor reed 9, cujo contacto se abre e o retificador desenergiza a bobina do eletroíman. Por conseguinte, na fase de surfa da trama até ao bordo do tecido, o momento criado pelas molas 3 e o momento suplementar criado pelo eletroíman 6 actuam sobre o sistema móvel do escalo, enquanto que nas fases de riscagem e de descolagem actua apenas o momento criado pelas molas 3. Quando o fio de teia se rompe, a máquina pára na posição de pesponto. Mas, neste caso, apenas o momento criado pelas molas 3 actua sobre o sistema móvel, pois a bobina do eletroíman será desenergizada, embora neste momento o íman permanente actue sobre o reed switch. Quando se altera o sortido de tecidos produzidos e se altera a tensão necessária para a trama até à borda do tecido, o valor do binário adicional criado pelo eletroíman 4 pode ser ajustado alterando a corrente da bobina ou o comprimento do braço da alavanca 2.

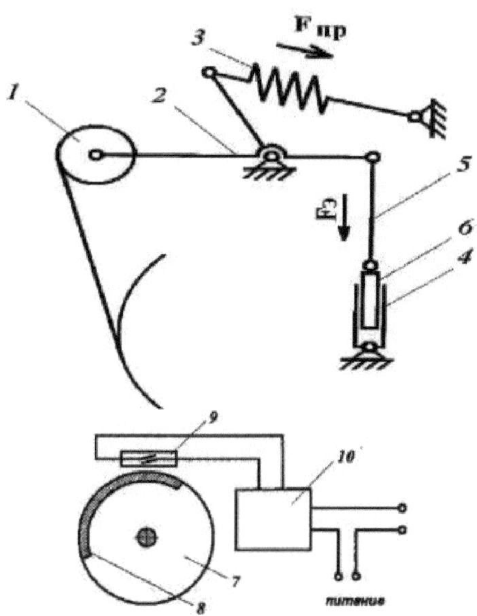

Fig.3.3 Nova conceção do sistema scalo móvel.

Como resultado das investigações experimentais do novo sistema scalo, obtiveram-se oscilogramas das alterações de tensão da teia numa máquina de tecer com microespaçadores preenchidos com tecido de camisa de ponto liso, apresentados na Fig. 3.2 - para o sistema scalo existente e na Fig. 3.4 - para o novo sistema scalo. 3.4 para o novo sistema scalo.

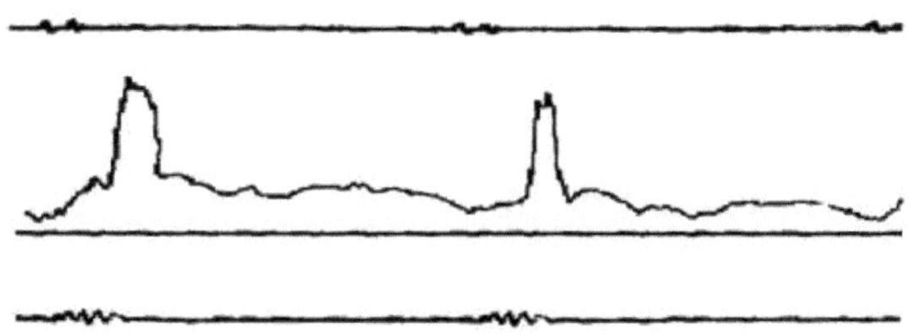

Fig.3.4: Oscilogramas de tensão de urdidura para o novo sistema de escalo Os resultados do processamento dos estudos experimentais, a natureza da variação da tensão de urdidura por ciclo de tear são apresentados na Tabela 3.1.

Tabela 3.1.

Variação da tensão de urdidura por ciclo do tear

Nome	Tensão de urdidura, cN		
	Zastazhd	Bocejo	Surf

O sistema de escalada existente	30,5	34,6	54,7
O novo sistema de	21,8	23,6	54,4

A análise dos dados mostra que a máquina de tecer com o novo sistema scalo conseguiu reduzir a tensão de urdidura em 29 % no estiramento e em 32 % no desprendimento, mantendo a tensão de urdidura na superfície. É também apresentado um estudo analítico da tensão de urdidura por ciclo do tear, ou seja, por rotação do eixo principal do tear. A equação diferencial de movimento do sistema escalo móvel tem a seguinte forma $J\varphi = M_k - M_F - M_M$ (3.1)

φ - $_{kFM}$em que *J é o* momento de inércia total dos elos do sistema de movimento do escalo reduzido (ao eixo de rotação da podokalina); é a aceleração angular da podokalina; *M é o* momento da força de tensão da teia em relação ao eixo de rotação da podokalina; *M é o* momento da força de elasticidade da mola em relação ao eixo de rotação da podokalina; *M é o* momento da força do eletroíman em relação ao eixo de rotação da podokalina.

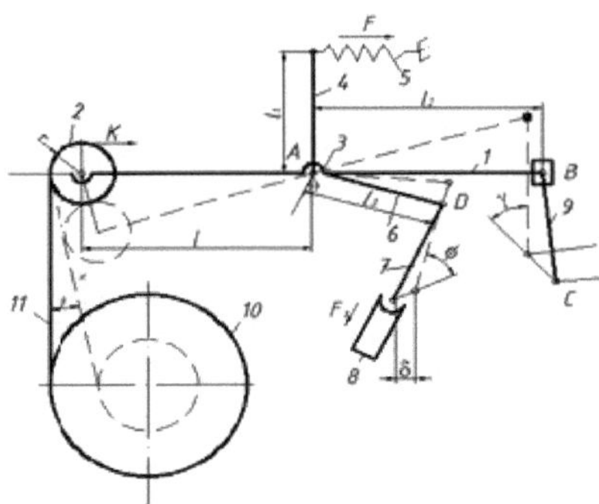

Figura 3.5: Cálculo da tensão de urdidura.

A partir da Figura 3.5, encontramos $M_k = K(l+r)\cos\beta - Kr = K[(l+r)\cos\beta - r]$, (3.2)

$M_F = 2Fl_1 = 2(F + C\varphi l_1)l_1 = 2Fl_1 + 2Cl_1^2\varphi$, (3.3) $F = C\lambda$; $M_M = F_M \cdot l_M$.

φl_1 - φ $_{M3}$em que: *C* - coeficiente de rigidez da mola, kG/cm; valores de compressão da mola ao rodar o sistema móvel no ângulo em torno do eixo da podokalina; *K* - tensão dos fios de urdidura, kG; *li* - ombro de ação da mola, cm; *l* - distância do eixo do escalo ao eixo da podokalina, cm; *l* - ombro de ação do eletroíman na podokalina, cm; *r* - raio do escalo, cm; *F* - força de aperto da mola de carga, kg; *F* - força de ação do eletroíman, kg.

Substituindo o valor dos momentos na equação (3.1), obtém-se

$$J\varphi = K[(l+r)\cos\beta - r] - 2Fl_1 - 2Cl_1^2\varphi - F_M \cdot l_M \quad (3.4)$$

Ou

$$J\varphi + 2Cl_1^2\varphi = K[(l+r)\cos\beta - r] - 2Fl_1 - F_M \cdot l_M \quad (3.5)$$

Dividindo esta equação por J, temos

$$\varphi + \frac{2Cl_1^2\varphi}{J} = \frac{K[(l+r)\cos\beta - r] - 2Fl_1 - F_M \cdot l_M}{J}; \qquad (3.6)$$

Denotemos $P^2 = \frac{2Cl_1^2}{J}$ $\qquad b = \frac{K[(l+r)\cos\beta - r] - 2Fl_1 - F_M \cdot l_M}{J}$;

Substituindo estas notações em (4), obtém-se $\varphi + P^2 \cdot \varphi = b$

A solução geral desta equação diferencial não homogénea com coeficientes constantes tem a seguinte forma:

$$\varphi = A\cos Pt + B\sin Pt + \frac{b}{P^2}; \qquad (3.7)$$

em que: A e B são constantes de integração.

Determinemos as constantes A e B a partir das condições iniciais. No instante inicial do tempo, o sistema móvel está em repouso. Portanto, as condições iniciais têm a forma

$\varphi = 0,\ \varphi = 0$ em $t = O$

Utilizando a primeira condição inicial = 0 em /=0

obtemos: $A + \frac{b}{P^2}$; $\qquad A = -\frac{b}{P^2}$ $\quad \varphi = 0$ Usando a segunda condição inicial em t

$\varphi = -AP\sin Pt + B \cdot P\cos Pt$; *temos BP = O, B = O*

Substituindo os valores das constantes de integração na equação geral (3-7)

$$\varphi = \frac{b}{P^2}(1 - \cos Pt) \qquad (3.8)$$

=

,Substituindo os valores das constantes b e P na equação (5.8), obtém-se a equação de movimento do sistema móvel da rocha .

$$\varphi = \frac{K[(l+r)\cos\beta - r] - 2Fl_1 - F_M \cdot l_M}{2Cl_1^2}(1 - \cos\sqrt{\frac{2Cl_1^2}{J}} \cdot t); \quad (3.9)$$

Resolvendo a equação de movimento obtida do escalo em relação a K, obtém-se a seguinte equação de cálculo para determinar a tensão da teia:

$$K = \frac{2Cl_1^2 \cdot \varphi + (2Fl_1 + F_M l_M)(1 - \cos\sqrt{\frac{2Cl_1^2}{J}} \cdot t)}{[(l+r)\cos\beta - r] \cdot (1 - \cos\sqrt{\frac{2Cl_1^2}{J}} \cdot t)}; \qquad (3.10)$$

β $\beta = 0$ Uma vez que os estudos de tensão neste capítulo são efectuados por ciclo de máquina, o ângulo de rolamento do escalo é constante e o ângulo de convergência dos fios de teia a partir do enrolamento da teia pode ser tomado como zero, ou seja, a equação (3.10) tem a seguinte forma

$$K = \frac{2Cl_1^2 \cdot \varphi + (2Fl_1 + F_м l_м)(1 - \cos\sqrt{\frac{2Cl_1^2}{J}} \cdot t)}{l \cdot (1 - \cos\sqrt{\frac{2Cl_1^2}{J}} \cdot t)}; \qquad (3.11)$$

A análise da fórmula mostra que a tensão de enchimento (*F)* gerada pela mola tem um valor mínimo, independentemente do artigo de tecido a produzir (por exemplo, gaze, chita, lona, etc.). Esta tensão é necessária para evitar o desprendimento do tecido durante o desprendimento. $_M$A tensão de urdidura (*F)* criada pelo eletroíman fornecerá a força tecnologicamente necessária do fio de trama. Para ilustrar o cálculo da tensão de urdidura para um ciclo de tear com

por uma micro junta (STB). Vamos assumir os seguintes dados iniciais: *li* =15 cm;

l=15 см; l_M=15 см; r=6,6 см; F=17 кг; F_M=75 кг;J=15,3 кг.см.с^2; C=15,7 кг/см; φ= 0,035 рад; α=0°÷360°; n=180 мин$^{-1}$;

$$t = \frac{\alpha}{6 \cdot n}; \qquad P = \sqrt{\frac{2Cl_1^2}{J}} = \sqrt{\frac{2 \cdot 15.7 \cdot 15^2}{15{,}3}} = \sqrt{462} = 21{,}5$$

O quadro 3.2 apresenta os resultados do cálculo da variação da tensão da teia por rotação do eixo principal (ciclo de funcionamento) da máquina.

Tabela 3.2.

Resultados do cálculo da variação da tensão da teia por rotação do veio principal (ciclo de trabalho) da máquina.

Ângulo de rotação do veio principal, graus.	*cosPt*	*1-cos Pt*	*L(l-cos Pt)*	*MM(2Fli+F l) (1-cos Pt)*	*K*, kg
0	*0*	1	15,0	510	50,5
10	*0,009*	0,991	14,87	505	50,6
20	*0,017*	0,983	14,75	501	50,7
30	0,026	0,974	14,61	1592	126,0
40	0,034	0,966	14,49	1579	126,0
50	0,043	0,957	14,36	1564	126,2
60	0,052	0,948	14,22	1540	126,4
70	0,06	0,94	14,1	1537	126,5
80	0,069	0,931	13,97	475	51,7
90	0,078	0,922	13,83	470	51,8
100	0,086	0,914	13,71	466	52,0
110	0,095	0,905	13,58	462	52,2
120	0,095	0,905	13,58	462	52,2
130	0,112	0,888	13,32	453	52,6
140	0,121	0,879	13,19	448	52,7
150	0,129	0,871	13,07	444	52,9
160	0,138	0,862	12,93	440	53,1
170	0,146	0,854	12,81	436	53,3
180	0,155	0,845	12,68	431	53,5
190	0,164	0,836	12,54	426	53,7
200	0,172	0,828	12,42	422	53,9
210	0,181	0,819	12,29	418	54,1

220	0,189	0,811	12,17	414	54,3
230	0,198	0,802	12,03	409	54,5
240	0,207	0,793	11,9	404	54,7
250	0,215	0,785	11,78	400	54,9
260	0,224	0,776	11,64	396	55,2
270	0,232	0,768	11,52	392	55,5
280	0,241	0,759	11,39	387	55,7
290	0,25	0,750	11,25	382	55,9
300	0,258	0,742	11,13	378	56,1
310	0,267	0,733	n,o	374	56,5
320	0,276	0,724	10,86	369	56,7
330	0,284	0,716	10,74	365	57,0
340	0,296	0,704	10,56	359	57,4
350	0,301	0,699	10,49	356	57,5
360	0,31	0,69	10,35	352	57,9

A tabela mostra que a tensão máxima da teia corresponde ao momento da rotura da trama (70° da rotação do eixo principal da máquina). Após a rutura da trama, o solenoide é desviado e a tensão de urdidura atinge o seu valor mínimo e flutua dentro de pequenos limites até 20° da posição do eixo principal da máquina, ou seja, até ao momento da entrada dos fios de urdidura. Em seguida, o eletroíman é ligado e a tensão da teia aumenta até ao seu valor máximo entre 30° e 70° da rotação do eixo principal da máquina. Para assegurar o processo normal de tecelagem, os fios de teia devem ter uma determinada tensão de enchimento. A tensão de enchimento (em cala fechada) é necessária para criar resistência para os fios de teia quando a trama chega à borda do tecido e para garantir uma abertura de cala limpa. A tensão de enchimento varia consoante a gama de tecidos, sendo mais elevada para tecidos mais densos (pesados) e mais baixa para tecidos menos densos (leves). A escolha incorrecta da tensão de enchimento provoca uma violação do processo tecnológico de formação do tecido, altera a sua estrutura, aumenta a rutura dos fios de teia e reduz a eficiência da utilização da máquina e a qualidade dos tecidos produzidos. A diminuição da tensão de enchimento provoca a diminuição da tensão da teia na rutura da trama, o que aumenta a faixa de rutura de ciclo para ciclo do funcionamento da máquina, a tecelagem torna-se impossível devido ao enchimento do tecido. Um aumento da tensão de enchimento leva a uma diminuição do tamanho da faixa de rutura, o que pode levar a uma tensão excessiva da teia. Por conseguinte, uma alteração do valor da tensão de enchimento em relação à norma estabelecida provoca perturbações no processo tecnológico de formação do tecido, altera a sua estrutura, aumenta a rutura dos fios de teia e, consequentemente, reduz a qualidade dos tecidos produzidos e a produtividade do tear. Por conseguinte, a tensão de enchimento dos fios de teia para um determinado artigo de tecido deve permanecer constante durante todo o período de operação de bobinagem na cabeça de tecelagem. β Como se depreende da fórmula (3.11), o ângulo de urdidura ( ) dos fios de urdidura do enrolamento varia e pode ser determinado de forma prática. φ O mesmo acontece com o ângulo de enrolamento do escalo ( ). β φ Assim, é de esperar que, quando o enrolamento é acionado sobre a teia, haja um aumento dos ângulos de convergência e de enrolamento.

A estabilização destes parâmetros conduzirá à estabilização da tensão da teia quando o bobinador de teia é acionado. Apresenta-se a seguir um cálculo comparativo da variação da tensão de urdidura quando o enrolador de urdidura é acionado para o sistema scalo existente (sem eletroíman) e para o sistema scalo modernizado (com eletroíman). $_{MMM}$Para o sistema scalo existente, a soma no suporte *(2Fli+F l)* permanece constante, com *F =0* durante o ciclo da máquina e durante todo o período de acionamento do enrolamento. $_M$Consequentemente, o valor de *F* aumenta com o valor de *F* , ou seja, o aperto da mola aumenta. Vamos assumir os seguintes dados iniciais

Para o sistema scalo existente:

l_l=15 см; l=15 см; r=6,6 см;

F=55 кг J=15,3 кг.см.с^2 C=15,7 кг/см;

φ= 120°; n=180 мин$^{-1}$; β=0-28°

t=0.11 сек; *1-cosPt*=0,905

Para sistema scalo modernizado (com eletroíman)

l_l=15 см; l=15 см; l_M=15 см

r=6,6 см; F=17 кг F_M=75 кг

J=15,3 кг.см.с^2 C=15,7 кг/см;

φ= 120°; n=180 мин$^{-1}$; β=0-28°

t=0.11 сек; *1-cosPt*=0,905

$$P=\sqrt{\frac{2Cl_1^2}{J}}=\sqrt{\frac{2\cdot15{,}7\cdot15^2}{15{,}3}}=\sqrt{462}=21{,}5 \qquad 1\text{-}\cos P\,t=0{,}905$$

Os quadros 3.3-3.6 mostram os resultados das alterações da tensão da teia durante a operação de enrolamento na cabeça de tecelagem para o sistema scalo existente (valores do numerador) e o sistema scalo modernizado (valores do denominador). A análise do Quadro 3.3 mostra que as alterações do ângulo scalo e do ângulo de saída do fio // à medida que o enrolamento é acionado na cabeça de enrolamento conduzem a um aumento da tensão da teia. Isto deve-se à alteração do diâmetro do enrolamento na urdidura, que conduz: em primeiro lugar, a um aumento da carga sobre os fios da urdidura devido a um aumento do ângulo de escoamento do fio; em segundo lugar, a uma alteração do ângulo de deflexão do escalo, que conduz a um aumento do estiramento da mola. Assim, um valor constante de libertação da teia é assegurado por um aumento da tensão da teia.

Tabela 3.3.

Resultados da variação da tensão de urdidura a $\varphi\neq const$ $\beta\neq const$

Diâmetro do enrolamento na cabeça, cm *D*

Диаметр намотки на навое, см D	55	45	35	25	15
φ, рад	0,035	0,044	0,052	0,061	0,07
$2Cl_1^2\varphi$	247	311	367	431	495
B, рад	0	7	12	17	28
$cos\beta$, рад	1	0,993	0,978	0,956	0,883
$(l+r)\cdot\cos\beta - r$	15,0	14,85	14,53	14,05	12,48
$(l+r)\cdot\cos\beta - r\cdot(1-\cos Pt)$	13,6	13,4	13,1	12,7	11,3
$2Fl_1\cdot(1-\cos Pt)$	1494/462	1494/462	1494/462	1494/462	1494/462
K, кг	128/52	135/58	142/63	152/70	176/85

Tabela 3.4.

Resultados da variação da tensão de urdidura a $\varphi=const$ $\beta\neq const$

Diâmetro do enrolamento na cabeça, cm D

Диаметр намотки на навое, см D	55	45	35	25	15
φ, рад	0,035	0,035	0,035	0,035	0,035
$2Cl_1^2\varphi$	247	247	247	247	247
B, рад	0	7	12	17	28
$cos\beta$, рад	1	0,993	0,978	0,956	0,883
$(l+r)\cdot\cos\beta - r$	15,0	14,85	14,53	14,05	12,48
$(l+r)\cdot\cos\beta - r\cdot(1-\cos Pt)$	13,6	13,4	13,1	12,7	11,3
$2Fl_1\cdot(1-\cos Pt)$	1494/462	1494/462	1494/462	1494/462	1494/462
K, кг	128/52	130/53	133/54	137/56	154/63

Tabela 3.5.

$\varphi\neq const$ $\beta=const$ Resultados da variação da tensão de urdidura a

Diâmetro do enrolamento na cabeça, cm D

Диаметр намотки на навое, см D	55	45	35	25	15
φ, рад	0,035	0,044	0,052	0,061	0,07
$2Cl_1^2\varphi$	247	311	367	431	495
B, рад	0	0	0	0	0
$cos\beta$, рад	1	1	1	1	1
$(l+r)\cdot\cos\beta - r$	15,0	15,0	15,0	15,0	15,0
$(l+r)\cdot\cos\beta - r\cdot(1-\cos Pt)$	13,6	13,6	13,6	13,6	13,6
$2Fl_1\cdot(1-\cos Pt)$	1494/462	1494/462	1494/462	1494/462	1494/462
K, кг	128/52	133/57	137/61	142/67	146/70

Tabela 3.6.

Resultados da variação da tensão de urdidura a φ=const β=const

Diâmetro do enrolamento na cabeça, cm D

Диаметр намотки на навое, см D	55	45	35	25	15
φ, рад	0,035	0,035	0,035	0,035	0,035
$2Cl_1^2\varphi$	247	247	247	247	247
B, рад	0	0	0	0	0
$cos\beta$, рад	1	1	1	1	1
$(l+r)\cdot\cos\beta - r$	15,0	15,0	15,0	15,0	15,0
$(l+r)\cdot\cos\beta - r\cdot(1-\cos Pt)$	13,6	13,6	13,6	13,6	13,6
$2Fl_1\cdot(1-\cos Pt)$	1494/462	1494/462	1494/462	1494/462	1494/462
K, кг	128/52	128/52	128/52	128/52	128/52

β Para um ângulo de deflexão constante do scalo (Quadro 3.5), a tensão dos fios de teia aumenta à medida que o bobinador é acionado, devido à alteração do ângulo de convergência , dos fios de enrolamento (Fig. 3.6). E para qualquer diâmetro de enrolamento *D da urdidura* sobre a urdidura, o valor da deformação da mola de carga *F do* sistema móvel do escalo é constante. Propusemos um novo sistema de libertação da tensão da teia, que é apresentado na Fig. 3.6. β φ Para um ângulo constante de convergência dos fios de teia em relação à teia (quadro 3.5), a tensão dos fios de teia aumenta com a alteração do ângulo de deflexão do escalo. β E para qualquer diâmetro de enrolamento da teia, o ângulo de saída dos fios de teia é constante. Esta variante é possível através da instalação de um rolo estacionário adicional na zona do rolo de urdidura (Fig. 6.2).

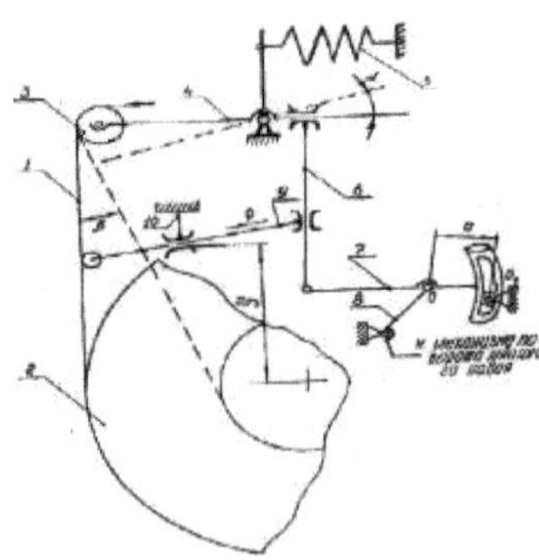

Fig. H.b. Variação do sistema de têmpera e tensionamento da teia

na φ = const, $\beta \neq$ const.

φ β Para a variante (Tabela 3.6) com um ângulo de deflexão e um ângulo de convergência da teia constantes, a tensão da teia permanece estável à medida que o diâmetro de enrolamento *D* se altera na teia. Esta variante é possível com a utilização complexa de dispositivos de acordo com o a.c. n.º 5014094 ou a patente n.º 2016933 com um rolo adicional fixo na área nava- scal (Fig. 3.7). Em todas as variantes, resulta do quadro 3.3-3.6 que os valores absolutos da tensão de urdidura são quase 2,5 vezes mais elevados para o sistema de escalo existente do que os valores absolutos do sistema de escalo modernizado. Esta propriedade positiva reduz a tensão de urdidura adicional.

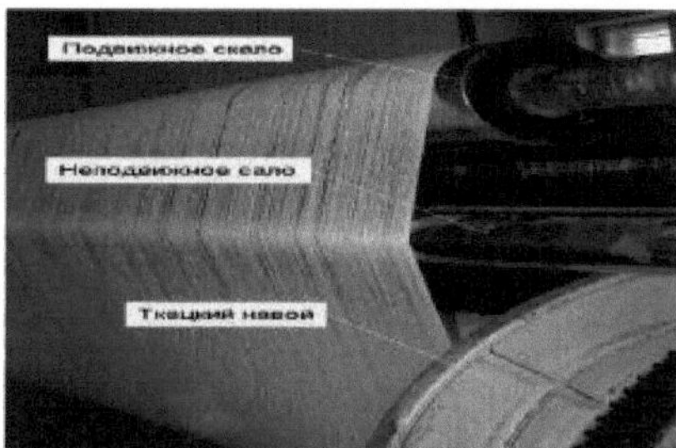

Fig.3.7 Variante do sistema de tensão e de têmpera da teia a *y^const constante*

As Figs. 3.8 - 3.11 ilustram claramente as alterações da tensão de urdidura à medida que o enrolamento da urdidura é acionado para o sistema scalo existente e melhorado.

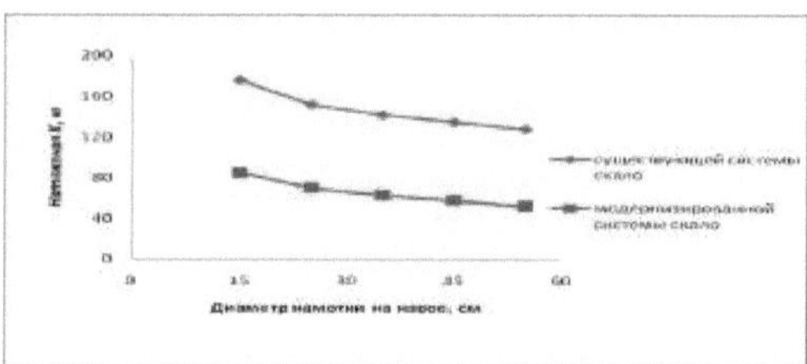

Fig.38.Gráficos da tensão de urdidura a $\varphi \neq const \quad \beta = const$

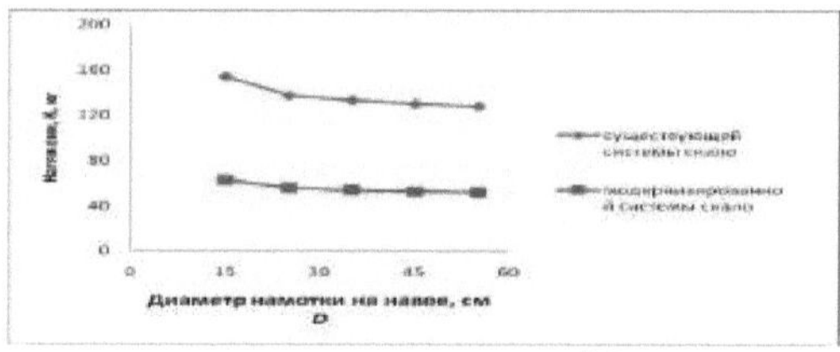

Fig.3.9: Gráficos da tensão de urdidura a $\varphi = const, \ \beta \neq const.$

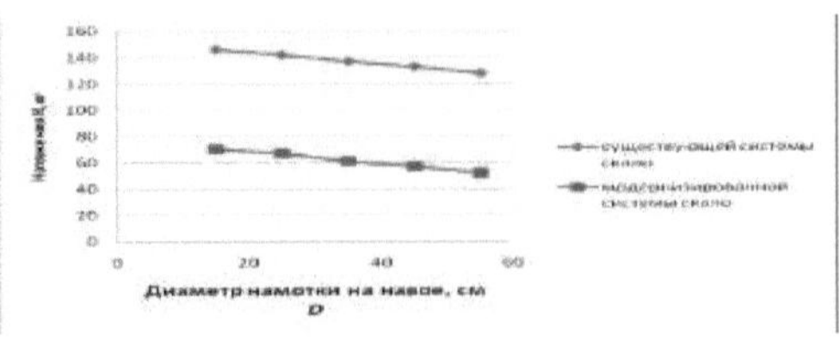

Fig.3.10. Gráficos da tensão de urdidura a $\varphi \neq const, \beta = const.$

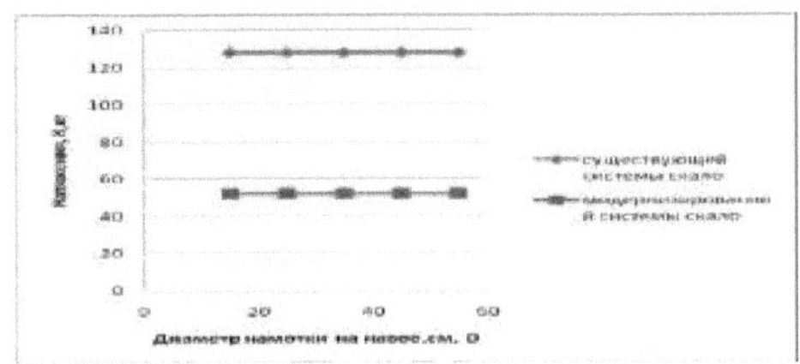

Fig.3.11. Gráficos da tensão de urdidura a $\varphi = const, \beta = const.$

β A análise do quadro 3.3 mostra que as alterações do ângulo de rotação da escama e do ângulo de convergência do fio durante a operação de enrolamento na urdidura conduzem a um aumento da tensão da urdidura de 36%. Isto deve-se à alteração do diâmetro do enrolamento na urdidura, que conduz: em primeiro lugar, a um aumento da carga sobre os fios da urdidura devido a um aumento do ângulo de fuga do fio; em segundo lugar, a uma alteração do ângulo de deflexão do escalo, que conduz a um aumento do estiramento da mola. Por conseguinte, a constância do valor de libertação da teia é assegurada pelo aumento da tensão da teia. Para um ângulo constante de deflexão do escalo a (Quadro 3.4), a tensão de urdidura aumenta em 20% à medida que a urdidura é acionada, devido à alteração do ângulo de convergência /) dos fios do enrolamento. Além disso, para qualquer diâmetro de enrolamento D na urdidura, o valor da deformação da mola de carga F do sistema móvel do escalo é constante.

As alterações da tensão de urdidura para o sistema de têmpera e de tensão de urdidura existente e novo estão claramente ilustradas na Fig. 3.12.

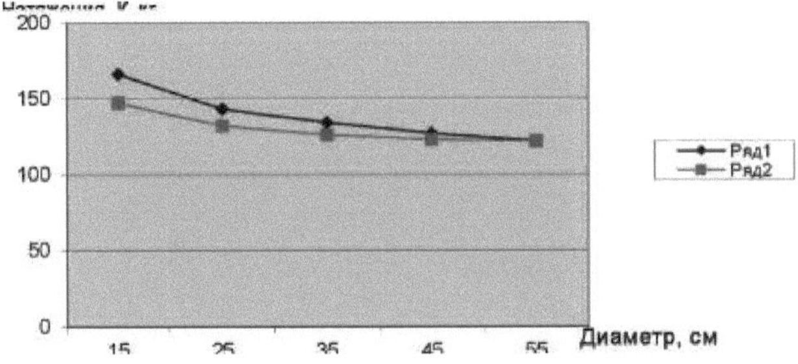

Fig. 3.12. Gráficos da alteração da tensão da teia à medida que o enrolamento é acionado na teia para o sistema de têmpera existente e para o novo

sistema de têmpera.

e a tensão da teia.

A tensão da urdidura durante o arranque e a paragem do tear também foi investigada. Um dos principais defeitos de tecelagem que reduzem a qualidade dos tecidos de lã são as "riscas de arranque" que ocorrem durante o arranque da máquina. As razões para a formação de riscas de arranque podem ser as peculiaridades do sistema elástico do tear e a conceção dos principais componentes e mecanismos do tear envolvidos na formação do tecido. No tear, o sistema de enchimento elástico consiste em dois sistemas heterogéneos, teia e tecido, com diferentes comportamentos de relaxamento e, durante a paragem da máquina, os comprimentos relativos da teia e do tecido e a tensão total do sistema de enchimento elástico alteram-se. Ao mesmo tempo, o comprimento total do sistema de enchimento elástico permanece inalterado. Por conseguinte, o bordo do tecido (limite de transição da teia para o tecido) desloca-se para o esterno ou para as bainhas. Para determinar a deslocação do bordo do tecido, as experiências foram efectuadas nas máquinas com microespaçadores (STB) preenchidos com tecido para camisas feito de fio de algodão. Os parâmetros tecnológicos da tecelagem são apresentados no Quadro 3.7.

Tabela 3.7.

Parâmetros tecnológicos da tecelagem

№	Nome	Unidade de medida.	Indicadores
	Nome do tecido		Tecido da camisa
1	Tipo de máquina		STB-220
2	Tamanho escalonado	granizo	25
3	Altura de guinada	mm	100
4	Profundidade de guinada	mm	145
5	Corrimento faríngeo	mm	440
6	Tensão da teia	gr.	25
7	Tipo de fibra		Algodão
8	Densidade linear: trama urdidura	tex tex	15x2 15x2
9	Densidade: da base à trama	fio/cm fio/cm	20 20
10	Entrelaçamento		Tela

O movimento da margem de costura durante o período de paragem da máquina foi registado com um dispositivo desenvolvido num determinado intervalo de tempo. As máquinas foram paradas em duas posições: na posição de tensão mínima de urdidura (no nó) e na posição de abertura máxima do galpão (a partir do estilete da trama). Ao mesmo tempo, o teor de humidade na oficina variava entre 54 % e 76 % para os tecidos de fio de algodão. O quadro 3.8 resume os movimentos do ponto de alinhavo para os tecidos de camisaria. O quadro 3.8 mostra que os movimentos de descida são mais intensos durante os primeiros minutos de paragem da máquina. Nesse momento, a direção do deslocamento para baixo depende da posição de paragem do eixo principal da máquina. Quando a máquina está parada na posição de estagnação, o tecido desloca-se para baixo em direção ao esterno e, quando a máquina é ligada a partir desta posição, aparecem riscas pronunciadas no tecido. Ao parar a máquina na posição de abertura máxima (260° - 280°), a parte inferior do tecido desloca-se em direção ao remise. Neste caso, as riscas iniciais são menos pronunciadas ou podem estar ausentes.

Tabela 3.8.

Deslocação da borda do tecido para tecido de fio de algodão.

№	t min	Deslocar a borda do tecido					
		Paragem da máquina num encravamento de 20			Paragem da máquina com abertura máxima de 250°		
		Humidade no departamento de tecelagem					
		54	63	76	54	63	76
1	1	-0,011	-0,005	-0,04	0,012	0,004	0,050
2	2	-0,012	-0,006	-0,06	0,013	0,005	0,060
3	4	-0,013	-0,010	-0,08	0,014	0,010	0,090
4	6	-0,014	-0,013	-0,09	0,015	0,015	0,100
5	8	-0,015	-0,018	-0,100	0,016	0,020	0,110
6	10	-0,016	-0,025	-0,110	0,017	0,025	0,120
7	12	-0,017	-0,03	-0,120	0,018	0,031	0,126
8	14	-0,018	-0,035	-0,130	0,019	0,035	0,133
9	16	-0,019	-0,045	-0,135	0,020	0,045	0,139
10	18	-0,020	-0,055	-0,140	0,020	0,057	0,145
11	20	-0,021	-0,070	-0,150	0,020	0,068	0,150

O movimento do bordo do tecido em direção ao esterno deve-se ao facto de os fios da teia, estando no nível médio, terem uma rigidez inferior à rigidez do tecido, respetivamente, e aos tempos de relaxamento da teia e do tecido. Na paragem da máquina 260° - 280°, os fios de teia, que se desviam do nível médio, alteram a geometria do enfiamento, enquanto o aumento da rigidez da teia é mais rápido do que a rigidez do tecido, respetivamente, e os tempos de relaxamento da teia e do tecido alteram-se. À medida que a humidade do chão de fábrica aumenta, a magnitude do movimento do ponto descendente aumenta durante o tempo de paragem da máquina. Além disso, é interessante estudar a influência do tipo de tear no movimento da teia do tecido num sistema de enfiamento elástico. Uma vez que cada tear é enchido com o mesmo sortido de tecido, apresenta particularidades do enchimento - altura e tamanho da calha, comprimento da teia e do tecido no enchimento, etc. No momento da paragem da máquina, partindo do princípio de que o movimento da borda do tecido não se desenvolve devido à deformação elástica no tempo, temos

$$X = \frac{K'_O}{C_O} - \frac{K'_T}{C_T}.$$

$_0 \Delta K_O$, т.е: $K'_O = K_O + \Delta K_O$. $_0$O desvio do tear em relação ao nível médio altera a tensão de enchimento (*KO*) dos fios de urdidura em AA , ou seja: Por outro lado, as alterações da tensão de urdidura podem ser expressas pelo produto da deformação da urdidura pelo coeficiente de rigidez da urdidura (*C*), tendo em conta o coeficiente (*n*) da relação entre a altura da urdidura e o comprimento da urdidura num sistema de preparação do tear elástico: $K_o' = K_o + \Delta\lambda_o \cdot C_o \cdot n$

A deformação dos fios de teia quando estes se desviam da linha central tem a forma

$$\Delta\lambda_o = \frac{h^2}{2} \cdot (\frac{1}{l_1} + \frac{1}{l_2})$$

$_{72}$em que: *h* - desvio dos fios da urdidura em relação à linha central do enfiamento da máquina (metade da altura do galpão em relação a AND); / - comprimento da parte da frente do galpão; *1* - comprimento da parte de trás do galpão.

$$X = \frac{K_o + \frac{h^2}{2}(\frac{1}{l_1} + \frac{1}{l_2}) \cdot C_o \cdot n}{C_o} - \frac{K_T}{C_T}. \quad (3.12)$$

Após a substituição, obtém-se

A análise da fórmula 3.12 mostra que, quando o tear pára, o movimento da borda do tecido (*X*) pode ter os seguintes valores de sinal: no valor zero (A), a borda do tecido está estacionária, podemos esperar uma tecelagem sem defeitos; no valor menos (A), a borda do tecido move-se em direção ao esterno, podemos esperar um defeito no tecido "starting understitch", ou seja, uma sub-densidade na trama; no valor mais (A), a borda do tecido move-se em direção ao remate, podemos esperar um defeito no tecido "starting blockage", ou seja, uma sub-densidade na trama.No valor positivo (A), o tecido para baixo desloca-se em direção ao remate, podemos esperar o defeito no tecido "underseeka de arranque", ou seja, uma densidade de tecido subestimada na trama. $_{oTO}$Os cálculos do movimento do tecido para baixo durante a paragem da máquina em diferentes tipos de equipamento de dobragem do tecido "Sorochechnaya", que é produzido por tecelagem simples com tensão de dobragem da teia e do tecido *K* = *K* =20 sNdensidade *linear* do fio principal *T* =15x2 *tex*, $_y$ $C_o' = 1{,}0 \frac{H}{мм}$ densidade linear do fio de trama *T* =15x2 *tex, com* coeficiente de rigidez de uma secção de um metro de fios de teia e coeficiente de rigidez do tecido em termos de um único fio de uma secção de um metro. $C_T' = 0{,}3 \frac{H}{мм}$.

Tabela 3.9.

Parâmetros de enchimento para teares

№	Nome dos indicadores	Tipo de tear					
		Pnev-mora-pirny, ATPR	Com micro-processadores, STB	Rapier, P-190 Zul-cer- ryuti.	Rapier, Somet Super Excel	Vaivém, AT	Pneumático, Toyota JAT 810
1	Altura da tomada *H, mm*	50	60	60	80	100	80
2	Parte da frente do bocejo *h, mm*	80	150	170	150	230	150
3	Parte posterior do bocejo *h,*	400	350	500	500	420	500

	mm						
4	Comprimento total dos fios de teia no enchimento L_0, mm	1700	1900	1900	2000	1600	2000
5	Comprimento total do tecido no enchimento L_T, mm	600	600	600	500	500	500
6	Coeficiente de rigidez de um fio de teia simples na estação de serviço C_o, $\frac{cH}{мм}$	59	53	53	50	63	50
7	Coeficiente de rigidez do tecido na confeção em termos de ... ^{cH} fio de urdidura g C_T, $\frac{cH}{мм}$	50	50	50	60	60	60

A Tabela 3.9 mostra os parâmetros de enchimento e os resultados do cálculo do movimento de urdidura do tecido, a Tabela 3.10 os resultados do cálculo do movimento de urdidura do tecido para diferentes tipos de teares, a Tabela 3.11 o efeito da tensão de enchimento de diferentes tipos de teares no movimento de urdidura do tecido. A análise dos quadros mostra que a direção do movimento do bordo do tecido (*X*) depende da posição de paragem do eixo principal da máquina.

Tabela 3.10.

Resultados do cálculo do movimento do bordo do tecido para diferentes tipos de máquinas

№	Desvio dos fios de teia em relação à linha central *h, mm*	Deslocação da borda do tecido com a máquina parada *X,mm*					
		Tipo de tear					
		Pnev-mora-pirny, ATPR	Microlayers, STB	Rapier P-190 Sulzer-Ruti.	Rapier, Somet Super Excel	Vaivém, AT	Pneumático, Toyota JAT 810
1	0	-0,061	-0,024	-0,023	0,066	-0,016	0,066
2	5	-0,06	-0,022	-0,022	0,068	-0,015	0,068
3	10	-0,057	-0,020	-0,021	0,070	-0,013	0,070
4	15	-0,046	-0,014	-0,016	0,074	-0,09	0,074
5	20	-0,026	-0,003	-0,006	0,084	0,001	0,084
6	25	0,007	0,016	0,010	0,101	0,017	0,101
7	30	-	0,045	0,033	0,125	0,040	0,125
8	35	-	-	-	0,160	0,073	0,160
9	40	-	-	-	0,206	0,117	0,206
10	45	-	-	-	-	0,173	-
11	50	-	-	-	-	0,244	-

Tabela 3.11.

Influência da tensão de enchimento da teia, dos diferentes tipos de teares dos diferentes tipos de teares no movimento da teia do tecido

№	Tensão de enchimento dos fios de teia, cN.	Deslocação da borda do tecido com a máquina parada *X,mm*					
		Tipo de tear					
		Pnev-mora-pirny, ATPR	Micro juntas, STB	Rapier, P-190 Zul-cer- ryuti.	Rapier, Somet8 uper Excel	Vaivém, AT	Pneumático, Toyota JAT810
1	5	-0,015	-0,006	-0,006	0,017	-0,004	0,017
2	10	-0,031	-0,011	-0,011	0,33	-0,008	0,33
3	15	-0,046	-0,017	-0,017	0,050	-0,012	0,050
4	20	-0,061	-0,024	-0,023	0,066	-0,016	0,066
5	25	-0,076	-0,028	-0,028	0,083	-0,020	0,083
6	30	-0,092	-0,034	-0,034	0,100	-0,024	0,100
7	35	-0,107	-0,040	-0,040	0,117	-0,028	0,117
8	40	-0,122	-0,045	-0,045	0,133	-0,032	0,133
9	45	-0,137	-0,051	-0,051	0,150	-0,040	0,150
10	50	-0,153	-0,057	-0,057	0,167	-0,40	0,167

Nos teares de jato de ar (ATPR), com microlâminas (STB), nos teares de pinças (R-190) e nos teares de lançadeiras (AT), quando a máquina está parada na posição de encosto (*h=0*), a borda do tecido desloca-se em direção ao esterno e, quando a máquina é iniciada a partir desta posição, aparecem riscas no tecido (fenda inferior inicial). Este defeito é particularmente acentuado no tear ATPR. Nos teares de pinças (Somet SuperExcel) e pneumáticos (Toyota JAT 810), o movimento da borda do tecido desloca-se em direção ao remate, o que provoca o aparecimento de riscas (seiva de arranque). O aumento da altura do galpão provoca a transição do tecido do corte inferior inicial para o abate inicial ou reforça o abate inicial (Somet SuperExcel e Toyota JAT 810). Ajustando os coeficientes de rigidez da urdidura e do tecido, é possível reduzir ligeiramente a folga inicial, uma vez que o comprimento total dos fios de urdidura no enchimento é instável e depende do diâmetro do enrolamento da urdidura na urdidura. Além disso, os valores absolutos dos valores de defeito "riscas iniciais" aumentam com o aumento da tensão de enchimento dos fios de teia. Por conseguinte, é razoável produzir tecidos com uma tensão de enchimento mínima e uma tensão de urdidura máxima no momento da tensão da trama. Isto é possível através da utilização de meios especiais que aliviam o sistema de enchimento elástico quando a máquina está parada e carregam o sistema de enchimento elástico quando o fio de trama se parte. Na maioria dos casos, a máquina pára na posição do pesponto, pelo que, de acordo com os resultados obtidos, o movimento da penugem é na direção do esterno e o tecido é pespontado. Numa outra variante, propõe-se o sistema de descarga automática da tensão do sistema de enchimento elástico durante a paragem da máquina (tempo de inatividade) e a sua carga durante o período de arranque da máquina, em que, após o processamento dos oscilogramas, se obtêm os seguintes resultados dos valores da tensão de enchimento da teia, apresentados na Tabela 3.12.

Como se pode verificar, o novo sistema descarrega o sistema de enchimento elástico durante a paragem da máquina (tempo de inatividade) em 35% e repõe-no no valor necessário antes da recolha da trama durante o período de arranque da máquina.

Tabela 3.12.

Resultados dos valores da tensão de enchimento da teia

№	Nome	Tensão de enchimento dos fios de teia , cN	
		O sistema de escalada existente	Um novo sistema de escalada em rocha
1	Período de paragem da máquina (tempo de paragem)	34	24
2	Período de arranque da máquina	34	33
3	Período de funcionamento da máquina	33	20

As máquinas Toyota estão equipadas com um sistema de prevenção da formação de franjas de arranque, que garante uma elevada qualidade do tecido. O sistema de prevenção da formação de franjas de arranque (Fig. 3.13) é constituído por: um sistema eletrónico de libertação da teia 1 e um sistema eletrónico de descolagem do tecido 2, que aliviam o sistema de enchimento elástico quando a máquina pára e carregam o sistema de enchimento elástico quando a trama é descolada 3; o modo de arranque do motor principal garante a força total do descolamento já no primeiro descolamento da trama.

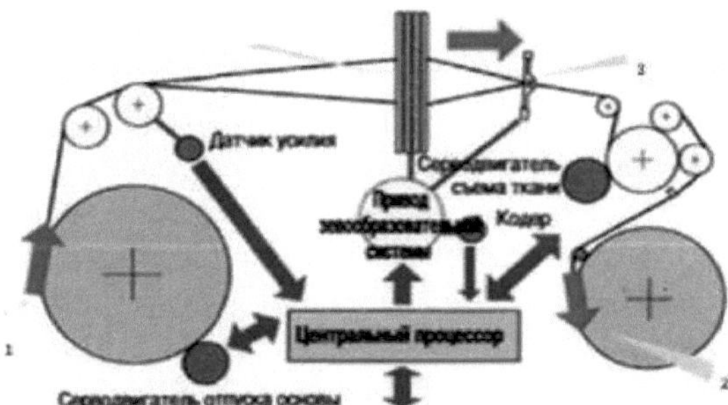

Fig. 3.13. Sistema de prevenção da formação de riscas de arranque no tecido, em que 1 - libertação eletrónica da teia, 2 - desvio eletrónico do tecido, 3 - rutura do fio de trama.

Tecido para a frente - baixar a tensão da teia imediatamente após a paragem da máquina impede que o tecido para baixo e a cana entrem em contacto, eliminando assim a causa das riscas de arranque (Fig. Fig. 3.14). Após o arranque da máquina, a tensão programada é automaticamente restabelecida e a surfaçagem tem lugar na posição normal da teia do tecido. Regulação da libertação da urdidura - o operador pode definir a quantidade permitida de redução da tensão da urdidura em caso de paragem da máquina ou tempo de inatividade para eliminar de forma fiável a formação de bandas de arranque. Assentamento de trama simples - o assentamento de trama simples pode ser efectuado sem a necessidade de surfar a palheta durante o arranque da máquina. Esta função é particularmente útil para evitar a formação de riscas de arranque durante a produção de tecidos.

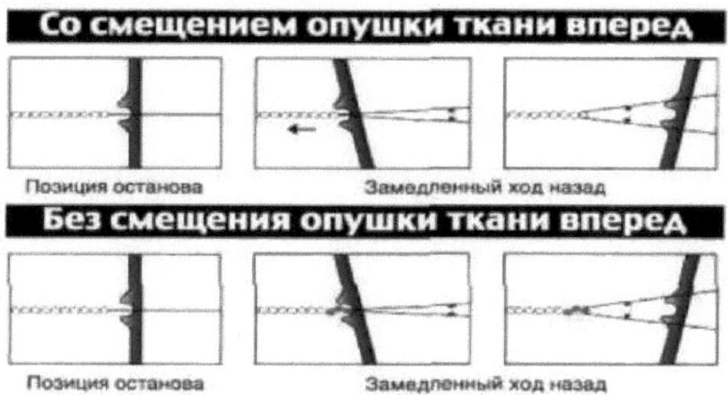

Fig. 3.14 Interação da cana com a teia do tecido durante a entrada da trama. Seleção do ângulo de paragem e de arranque da máquina - ao programar o ângulo de paragem e de arranque desejado de acordo com o tipo de tecido, o tecelão pode evitar a formação de riscas de arranque.

O quarto capítulo contém a investigação tecnológica e de consumo de tecidos para camisas e a otimização da sua tecnologia de produção. A redução ao máximo do nível de rutura do fio no processo de tecelagem (a uma velocidade constante do eixo principal da máquina) contribui para a realização do objetivo. Isto permite-nos escolher como critério principal para a otimização do processo de tecelagem a rutura mínima dos fios principais e de trama. Por um lado, determinam indicadores como a carga de trabalho do tecelão e a taxa de utilização do equipamento, que influenciam significativamente a produtividade da mão de obra e do equipamento. Por outro lado, a taxa de rutura pode determinar inequivocamente as condições de formação do tecido no tear, dependendo de parâmetros tecnológicos como a tensão de enchimento dos fios de teia e de trama, que pode ser determinada pelo valor mínimo de rutura do fio. $_2$Foram selecionados dois parâmetros principais, ou seja, duas variáveis independentes principais: x 1 - tensão de enchimento da trama, cN; x - tensão de enchimento da teia, cN. Verifica-se que a rotura do fio de urdidura a valores baixos de tensão de enchimento aumenta à custa de um aumento da tensão. Depois, à medida que a tensão de urdidura aumenta, a taxa de rutura diminui e volta a aumentar à medida que a tensão de urdidura aumenta ainda mais, devido ao esforço excessivo dos fios de urdidura. Os factores selecionados satisfazem todos os requisitos da teoria do planeamento matemático da experimentação: não há permutabilidade de factores, podem ser medidos com os meios disponíveis, podem ser variados dentro de uma gama suficientemente ampla de valores mínimos e máximos e obtê-los com a precisão necessária. Quanto aos restantes parâmetros tecnológicos da alimentação das máquinas, todos eles se mantiveram constantes durante a experiência. Neste trabalho, foi adotado um método composto central de segunda ordem para o planeamento da experiência, o que permite um estudo detalhado, a descrição e a otimização do processo de tecelagem no domínio de otimização em estudo. A seleção dos intervalos e valores dos factores para cinco níveis de variação foi efectuada tendo em conta as possibilidades tecnológicas de alimentação do tear. (Tabela 4.1)

Tabela 4.1.

Factores		Níveis de variação					Intervalo
		-1,414	-1,0	0	+1,0	+1,414	
xi reabastecimento de fios de trama, cN.	tensão	3	5	10	15	17	5
X2-abastecimento bases de fios, sN.	tensão	13	15	20	25	27	5

Tabela 4.2.

Matriz de planeamento da CREC

N.º de experiência	X1	X2	*x1*	X1X$_2$	*X1*	YU	ANO	(YR-YU)^2
1	-	-	+	+	+	0,32	0,33	0,0001
2	+	-	+	-	+	0,34	0,34	0
3	-	+	+	-	+	0,35	0,34	0,0001
4	+	+	+	+	+	0,36	0,36	0
5	- 1,414	0	2	0	0	0,32	0,31	0,0001
6	+1,414	0	2	0	0	0,34	0,33	0,0001
7	0	- 1,414	0	0	2	0,36	0,35	0,0001
8	0	+1,414	0	0	2	0,39	0,37	0,0004
9	0	0	0	0	0	0,29	0,30	0,0001
10	0	0	0	0	0	oh,h	0,30	0
11	0	0	0	0	0	0,31	0,30	0,0001
12	0	0	0	0	0	0,30	0,30	0
13	0	0	0	0	0	0,300,	0,30	0

A experiência realizada sobre a matriz selecionada permite obter um modelo matemático de segunda ordem que descreve a influência dos factores xi, X2, sobre os parâmetros de otimização selecionados, da seguinte forma

$$y = в_0 + в_1 x_1 + в_2 x_2 + в_{12} x_1 x_2 + в_{11} x_1^2 + в_{22} x_2^2$$

$_{0i0i}$em que *in* , *e* , *vu,* *v"* - coeficiente de regressão; *in* - termo livre; *e* -1, 2, - coeficientes de regressão dos termos lineares; *vu=1*, 2, - coeficientes de interação dos factores; *v"* = - coeficientes de *regressão* dos termos quadrados.

Foi obtido um modelo matemático adequado que descreve a dependência da arriba em relação aos factores significativos selecionados, que tem a seguinte forma

$$Y_R = 0,3 + 0,008X_1 + 0,011X_2 - 0,003X_1 \cdot X_2 + 0,011X_1^2 + 0,34_2^2 \qquad (3.1)$$

$_1$A avaliação mais eficaz da experiência tecnológica pode ser efectuada por meio de cortes: y= f (xi) a X2 constante; y= f (xz) a x constante. Os Quadros 4.1-4.2 resumem os resultados dos cálculos dos cortes a partir dos factores de entrada. Como se pode ver, todas as equações são equações de parábola. Analisando as curvas das Figs. $_1$4.1-4.2 traçadas pelas equações obtidas mostra que a variação de y a partir de x e X2 tem a forma de parábolas côncavas. $_1$No valor zero da tensão de enchimento dos fios de enchimento x e no valor zero da tensão de enchimento dos fios principais X2 é possível reduzir a rotura dos fios de trama e principais em 37%, ou seja, os parâmetros terão os seguintes valores: tensão dos fios de trama -10 cN; tensão dos fios principais - 20 cN (por 1 fio). Com estes valores de parâmetros, a rutura dos fios de trama e dos fios principais não excederá 0,3 rupturas por 1 metro de tecido.

Tabela 4.3.

1Resultados do cálculo y = f (x) a X2 constante

№	Valores constantes dos factores	Rutura dos fios de teia no valor do fator xi				
		-1,414	-1	0	1	1,414
1	2X = -1.414	0,359	0,353	0,354	0,378	0,394
2	2X = -1	0,331	0,325	0,325	0,347	0,363
3	2X = 0	0,313	0,305	0,300	0,321	0,335
4	2	0,362	0,353	0,347	0,363	0,376
5	2X = 1.414	0,402	0,393	0,386	0,4	0,413

Tabela 4.4.

Resultados do cálculo y = f (X2) a x constante1

№	Valores constantes dos factores	Rutura dos fios de teia ao valor do fator xg				
		-1,414	-1	0	1	1,414
1	X1 = -1,414	0,359	0,331	0,313	0,362	0,402
2	X1 = -1	0,353	0,325	0,305	0,353	0,393
3	X1 = 0	0,354	0,325	0,300	0,347	0,386
4	X1 =1	0.378	0,347	0,321	0,363	0,4
5	X1 =1,414	0,394	0,363	0,335	0,376	0,413

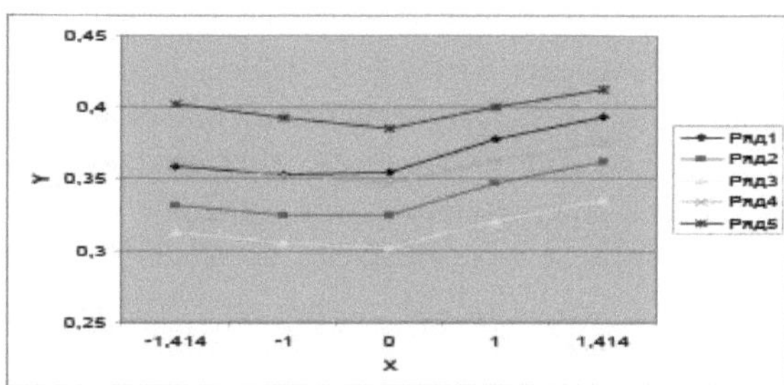

Linha1 X2=- 1.414; Linha2 X2= -1; LinhaZ xg= 0; Linha4 xg = +1; Linha5 X2= +1.414; Figura 4.1.

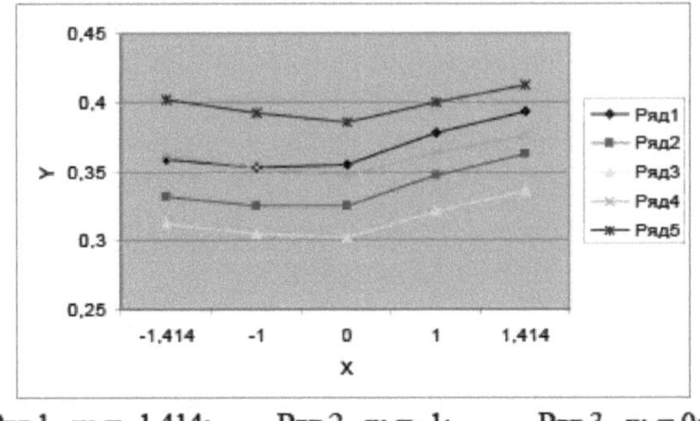

Ряд 1 $x_1 = -1{,}414$; Ряд 2 $x_1 = -1$; Ряд 3 $x_1 = 0$;
Ряд 4 $x_1 = +1$; Ряд 5 $x_1 = +1{,}414$;
Рис. 4.2.

Linha1 xi = -1,414; Linha2 xi = -1; LinhaZ xi = 0;
Linha4 xi = +1; Linha5 xi = +1,414;
Figura 4.2.

Para obter um tecido para camisas com uma determinada estrutura e determinadas propriedades, é necessário criar forças de pressão mútuas entre os fios do tecido. As forças de pressão mútuas entre os fios do tecido são criadas no processo da sua formação no tear e determinam a disposição mútua dos fios do tecido, que depende dos seguintes factores: o tipo de matéria-prima utilizada; o diâmetro dos fios principal e de trama e as suas proporções; a densidade do tecido na urdidura e na trama e as suas proporções; o tipo de trama do tecido; a tensão dos fios principal e de trama e a proporção da tensão; os parâmetros tecnológicos de preparação e produção do tecido, que afectam a tensão dos fios principal e de trama. O tipo de matérias-primas para o tecido das camisas é selecionado tendo em conta a finalidade do tecido e os requisitos que lhe são aplicáveis. As propriedades dos fios utilizados na urdidura e na trama determinam em grande medida as propriedades do tecido fabricado com eles. A alteração do tipo de matéria-prima em pelo menos um sistema de fios na teia ou na trama do tecido tem um impacto significativo nos parâmetros tecnológicos da sua produção, na estrutura e nas propriedades do tecido. Assim, com uma alteração do tipo de matéria-prima na trama, mantendo-se os outros factores iguais, a tensão dos fios principais altera-se no momento da surfaçagem, ou seja, no momento da formação de um elemento de tecido. A Fig. 4.3 mostra o oscilograma da tensão dos fios principais de algodão na produção de tecido na máquina com microespaçadores (STB) por tecelagem simples Ro=Ru=2O n/cm com a utilização de diferentes tipos de matérias-primas na trama. São obtidos os oscilogramas da tensão dos fios principais na produção de tecido com a utilização de diferentes tipos de matérias-primas na trama.

Os oscilogramas mostram que os fios de urdidura de diferentes tipos de trama sofrem tensões diferentes no momento da interferência. A tensão mais elevada neste ponto é registada pelos fios de urdidura quando são utilizados fios de capron, polipropileno e nitro na trama.

A tensão do fio de teia é mais elevada no momento da guinada do que no momento da rodagem, mas o seu valor é aproximadamente o mesmo para todas as matérias-primas da trama. No momento da formação do elemento de tecido, ou seja, na superfície, os fios de teia sofrem a tensão mais elevada, uma vez que a tensão de teia é máxima neste momento. Além disso, quando se utilizam fios de polipropileno de capron e fios de trama de nitron, a tensão dos fios de urdidura é a mais elevada no momento da surfa. Isto indica que as caraterísticas distintivas das propriedades destes fios de trama influenciam os parâmetros tecnológicos da produção de tecidos no tear. A alteração do tipo de matéria-prima dos fios de trama influencia a estrutura e as propriedades dos tecidos produzidos. A alteração da estrutura do tecido pode ser caracterizada pelos rendimentos do fio de trama e da trama e pelas densidades da trama e da teia.

Tabela 4.5.

Resultados da investigação sobre as propriedades dos fios de trama.

№	Nome das propriedades dos fios de trama	Propriedades dos fios de trama		
		Módulo inicial rigidez, kgf/mm	Rebentamento carga, kgf	Rutura alongamento %
1	Lavsan T=15x2 tex	6,4	1,4	13,7
2	Nitrão T=15x2tex	5,6	1,0	7,6
3	Capron T=15x2 tex	4,5	1,8	13,6
4	Polipropileno T=15x2 tex	2,9	1,5	20,3
5	Fio de algodão T=15x2 tex	1,5	oh,h	6,8

Tabela 4.6.

Achados nos tecidos.

№	Nome das propriedades da trama fios	Indicadores das propriedades do tecido (densidade linear na base To=15x2 tex. densidade base Ro=200 fios/dm.)					
		Rebentamento carga, kgf		Alongamento de rotura %		Transformação do fio em tecido	
		base	patos	base	patos	base	patos
1	Lavsan 15x2 tex	28	120	23	29	7	2
2	Nitron 15x2tex	29	114	29	31	10	3
3	Capron 15x2 tex	26	162	15	51	5	4
4	Propileno 15x2 tex	25	140	26	52	9	5
5	Fio de algodão 15x2 tex	31	24	9	10	7	7

De acordo com as Tabelas 4.5 e 4.6, com o aumento do módulo de rigidez dos fios de trama, o rendimento dos fios de trama diminui. Os fios de trama de algodão no tecido têm o valor de rendimento mais elevado. Isto explica-se pelo facto de o valor mais baixo do módulo de rigidez inicial dos fios de algodão no momento da formação de um elemento de tecido permitir

Os fios de trama são facilmente deformados. Analisando os dados da carga de rutura no Quadro 4.6, podemos concluir que os tecidos com fios de algodão na trama têm uma carga de rutura mais elevada no sentido da teia. Isto indica que a carga de rutura na direção da teia é influenciada pela carga de rutura dos fios utilizados na teia e pelo coeficiente de atrito entre os fios do tecido. Todas as amostras testadas têm fios de algodão na urdidura e, uma vez que o coeficiente de atrito entre os fios no tecido de algodão é o mais elevado, o tecido que utiliza trama de algodão tem uma carga de rutura mais elevada na direção da urdidura. O alongamento de rutura na direção da teia é diferente para todas as amostras de tecido: o mais baixo é nas amostras com fios de algodão na trama; o mais alto é nas amostras com fios de nitron na trama. Isto indica que a alteração do tipo de matérias-primas na trama provoca uma alteração das propriedades do tecido não só no sentido da trama, mas também no sentido da urdidura. As pesquisas realizadas permitiram estabelecer que os parâmetros tecnológicos da produção, estrutura e propriedades do tecido dependem das propriedades dos fios utilizados na trama. Por conseguinte, ao conceber um tecido com propriedades pré-determinadas, é necessário prestar especial atenção às propriedades dos fios da teia e da trama. As amostras dos tecidos produzidos foram testadas quanto às suas propriedades físicas e mecânicas no laboratório do centro de certificação "CENTEX UZ" com base nos seguintes indicadores: testes de resistência do tecido à abrasão; testes de permeabilidade ao ar; testes de carga de rutura e alongamento. Os resultados dos ensaios são apresentados no quadro 4.7.

Tabela 4.7.

№	Nome	Unidade.	Base	Pato	Tecido
1	Densidade linear	tex	15x2	15x2	-
2	Densidade do tecido	fio/dm.	200	200	-
3	Densidade da superfície tecidos	gr/m^2	-	-	119
4	Permeabilidade ao ar	^{32}cm /cm seg.	-	-	86
5	apagamento	ciclo	-	-	18000
6	Carga de rutura	H	307	220	-
7	Alongamento de rutura	%	7,8	7,8	-
8	Processamento de fios em tecidos	%	6,6	7,0	-

CONCLUSÃO

[2]Tendo em conta as condições climáticas da região, é necessário produzir tecidos para camisas com uma densidade superficial até 100 g/m. E a tecnologia de fabrico de tecidos para camisas é realizada sem o processo de lixagem, utilizando fios torcidos de baixa densidade linear. Com base na teoria da propagação de ondas em meios elásticos, foi estabelecido que a causa das rupturas do fio de trama é o impacto do pé do travão no fio de trama. Ao aumentar a velocidade de assentamento, a deformação e a tensão do fio de trama aumentam em média 30% e ao aumentar o coeficiente de atrito do fio na superfície dos mecanismos de assentamento, a tensão e a deformação do fio de trama diminuem 19%. É desenvolvido e testado um novo sistema de travagem e alimentação da trama. Foram obtidas as regularidades de alteração da tensão do fio de afundamento em função do raio de atrito, do ângulo de atrito, do coeficiente de atrito, da rigidez do fio de afundamento e da posição do compensador. Foram desenvolvidos um suporte e uma metodologia para determinar o coeficiente de atrito no olho do compensador, em função do raio de atrito, do tipo e da densidade linear do fio e do tipo de superfície de trabalho do compensador. Foram efectuados estudos teóricos especializados da tensão do fio de urdidura para o sistema existente e para o novo sistema, onde se demonstrou a conveniência de utilizar o novo sistema de regulação da tensão do fio de urdidura durante o ciclo da máquina, à medida que a urdidura é acionada e durante o período de arranque e paragem da máquina. O processo tecnológico de produção numa máquina de tecer foi investigado através do método matemático de planeamento experimental rotativo de segunda ordem. A interpretação geométrica do modelo matemático é estudada por meio de cortes. São determinados os parâmetros tecnológicos óptimos da produção de tecidos para camisas, em que a rutura do fio é de 0,3 rupturas por 1 m de tecido, com uma tensão do fio de trama de -10 cN e uma tensão do fio de teia de -20 cN. Determinou-se que os parâmetros tecnológicos de produção, a estrutura e as propriedades do tecido para camisas dependem das propriedades utilizadas nos fios de trama. Com o aumento do módulo de rigidez dos fios de trama, o processamento dos fios de trama diminui. Com a utilização de trama de algodão, o tecido tem uma carga de rutura elevada na direção da urdidura, devido ao elevado coeficiente de fricção entre os fios de urdidura e de trama. O alongamento de rutura na direção da teia para todas as amostras de tecido é diferente: o mais baixo no tecido com fios de algodão na trama é o mais alto no tecido com fios de nitron na trama.

LITERATURA

1 HANDB0OK OF WEAVING Editado por S Adanur, Departamento de Engenharia Têxtil, Universidade de Auburn, EUA 440 páginas 543 figuras 68 tabelas 254 x 176mmhardback2000 .

2 HANDBOOK OF YARN PRODUCTION Technology, science and economics P R Lord, NCSU, USA 504 páginas 244 x 172mm hardback julho de 2003.

3 Talavashek O. et al. "Teares sem agulha". Moscovo, Legprombytizdat 1985.

4 . Borodin. A.I. et al. Livro de referência "Cálculos de enchimento de tecidos de enxofre" I II ch. 1970 г.

5 . Bukaev P.T. Livro de referência sobre tecelagem de algodão. M.1979.

6 Damyanov G.B., Bachev C.Z., Surnina N.F. Estrutura do tecido e métodos modernos de conceção. -M.: Indústria ligeira e alimentar, 1984.

7 Rakhimkhodjaev S.S., Kadyrova D.N. "Modern methods of fabric design", Tashkent. TITLP.2006

8 Sklyannikov V.P., Mashkova E.N. Pesquisa de influência de tecidos de fibras químicas em sua permeabilidade ao ar // Indústria têxtil. 1973.№6.C. 75.

9 Vishnevskaya L.I. Pesquisa da influência da propriedade e estrutura da fibra nas propriedades operacionais de tecidos multicomponentes: Resumo da tese. M.,1977

10 . Margolin I.S. Resistência ao desgaste de tecidos de lã e fibras químicas. M., 1967.

I.Eremina N.S. Estudo da regularidade das mudanças nas propriedades físicas, mecânicas e higiénicas do tecido a partir da sua estrutura. M., 1952.

12 Martynova A.A., Slostina G.L., Vlasova P.A. Estrutura e design de tecidos. M., RIO MGTA, 1999.-434c

13 . Martynova A.A. Fatores que influenciam a estrutura e as propriedades dos tecidos. M., 1976.

14 Arkhangelsky N.A. Permeabilidade ao ar dos tecidos em função da sua estrutura // Indústria têxtil. 1949. №7.C.25-27.

15 Vorobyev V.A. Método de cálculo para construção de fios e tecidos de lã. M. 1964.

16 Denisenko T.N. Desenvolvimento de métodos para estimar a tensão das guarnições do tear. Resumo da dissertação. -M.,1993.

17 Bubentsov L.V. Influência da densidade da urdidura e da trama e da tecelagem no potencial de carga de eletricidade estática // Izv. de instituições de ensino superior. Tecnologia da indústria têxtil. 1978. №11.C.38-40.

18 Sklyannikov V.P. Métodos de determinação experimental da ordem da fase de estrutura de tecidos de tecelagem simples // Izv. de universidades. Tecnologia da indústria têxtil, -1967.- No.1,- P.20-24.

19 .Novikov N.G. Sobre a estrutura do tecido projetando-o com a ajuda do método geométrico Indústria têxtil. 1946 №2,4,5,6,11.C.42

20 Urazov N.H. Para a metodologia de design de tecido Indústria têxtil. 1968.№7.

21 Kutepov O.S. Metodologia de conceção de tecidos em função do peso

determinado de um metro quadrado // Indústria Têxtil,-1950,-'2
22 Kuznetsov A.M. Sobre a conceção de tecidos. Indústria têxtil. - 1951.-№7
23 Rachenkova O.M. Desenvolvimento da metodologia de cálculo dos parâmetros racionais da estrutura dos tecidos de diferentes tramas tendo em conta a tecnologia do seu fabrico. Resumo da dissertação. - M., 2000.
24 Damyanov G.B., Bachev C.Z. Estrutura do tecido e métodos modernos de seu design. M., 1984.
25 N.F. Surnina N.F. Desenho de tecido de acordo com os parâmetros dados. M., 1973.
26 Gordeev V. A. Investigação dos mecanismos de têmpera e tensão de urdidura dos teares: Dissertação... Doutor em Ciências Técnicas, - M., 1953, -320 p.
27 Gordeev V.A. Dinâmica dos mecanismos de têmpera e tensão de urdidura dos teares, - M.: Indústria Ligeira, 1965.-227 pp.
28 Voronina E.A. About regulation of warp tension in the weaving machine cycle (Sobre a regulação da tensão da teia no ciclo do tear). N.tr., VNIILtekmash, 1957, No. 2. Investigação de teares, p.171 -180.
29 . Pfohl Walter. Der bewegliche streichbaum als Ausgleichsfaktor von Spannungs differenzen. Milland Textil berichte, 1953, n.º 9.
30 Kolesnikov P.A. A tensão dos fios principais no processo de tecelagem e sua influência nas propriedades físicas e mecânicas e na rutura dos fios de urdidura: Dissertação... candidato a ciências técnicas, - M., 1949, -418s.
31 Brokel Gerchard. Die Verandenung der Kettpadenspannung bei Baum Wollwebstuhlen min dem Kettverlauf und der Schaftsahl.TextilPraxic, 1961,No. 6.
32.Erokhin Y.F. Investigação e melhoramento do processo de tecelagem na produção de algodão: Dissertação... doutor em ciências técnicas, - M., 1980, - 242 p.
ZZ.Ohunboboev O.A., Ergashov M. Teoria do cálculo da tensão da teia em teares de seda. Tecnologia Fan va. Tashkent. 2010. 224 c.
34.Ohunboboev O.A.. Estado da questão e melhoria dos mecanismos de uma máquina de tecer sem lançadeira para a produção de tecido de seda natural. Tecnologia Fan va. Tashkent. 2016. 128 c.
35 Bukaev P. T. Otimização do processo de tecelagem em teares sem agulhas. M. Legprombytizdat, 1990. 176 c.
36 Drohlyansky I.M. Estudo teórico e experimental do sistema elástico da máquina de vestir STB durante a produção de tecidos de lã multicamadas: Dissertação.... Candidato de Ciências Técnicas, - M., 1970, - 252 pp.
37 Vlasov P.V. Normalização do processo de tecelagem. - M.: Indústria Ligeira e Alimentar, 1982.-296 pp.
38 Khamraeva S.A. Aumento da resistência ao desgaste dos tecidos através da otimização dos parâmetros da sua formação. Diss....doct. de ciências técnicas,- Tashkent, TITLP, 2010.
39 Erokhin Y.F. Sistema móvel do tear a jato de ar scala,- Izv. de escolas secundárias. Tecnologia da indústria têxtil, 1971, № 4, p.93-95.

40 Parâmetros óptimos de instalação de mecanismos de têmpera e tensão de trama e urdidura em máquinas STB-2-330 SHL / A.I.Makarov e outros,-. M.:TsNIITEIlegprom, 1973,- 48 p.
41 Greenwood por K, Cowhing W.T.. A posição do feltro de tecido em teares eléctricos, parte I - condições de tecelagem estáveis, parte II - condições de tecelagem perturbadas, parte III - Experimental. Jornal do Instituto Têxtil, França, 1956, n.º 5.
42 Balod J. Ya., Milasius V.M. Investigation of relaxation and anstringing phenomena on a pneumatic machine,- In book: Materials of the Lithuanian Republican XXII Scientific and Technical Conference. Kaunas, 1972.
43 Petukh N.A. Investigação das razões para o aparecimento de riscas iniciais no tecido produzido em máquinas ATPR. Nauch.tr. TSNIIHBI, 1977, NO.1. Questões de novas tecnologias na indústria do algodão-papel, pp. 119-122.
44 Bukaev P.T. Cinemática da superfície do fio de trama e sua influência no processo de tecelagem em teares sem lançadeira, - Scientific tr. TSNIIHBI, 1977, N.º 1. Questões de novas tecnologias na indústria do algodão, p.113-118.
45 Zhao Jian. A uma pergunta sobre o movimento da borda do tecido na paragem do tear. - Izv.vuzov. Tecnologia da indústria têxtil, 1961, n.º 1, p.71-79.
46 Burnashev R.Z. Investigação do processo de surfaçagem em teares: Cand. Candidato de Ciências Técnicas. - M., 1969. - 196 c.
47 .0rnatskaya V.A. et al. Conceção e modernização de teares. M., L.I., 1986.
48 Kuzovkin K.S. et al. Experiência de trabalho em máquinas STB, M. L.I. 1968.
49 D.N. Investigação da tensão do fio de trama em máquinas com microespaçadores. T.P. 1965, nº 8.
50.Topilin A.P. et al. Teares automáticos sem lançadeira STB 2-250, M., L.P., 1969.
51.Shamshtein A.I. Investigação do processo de enrolamento de fios têxteis a partir da superfície de mandris cónicos feitos de diferentes materiais. Resumo da dissertação, Kostroma, 1973.
52.Efremov E.D. Sobre a não uniformidade do movimento de um fio no rebobinamento em máquinas de enrolar. Autoreferatdissertation, Ivanovo, 1963.
53. Efremov E.D. Sobre a influência dos dispositivos de orientação na tensão do fio em movimento, T.T.P., I960, n.º 1.
54.Blinov I.P. Melhoria do travão de trama da máquina STB. T.P., 1982, No.11.
55. Stolyarov A.N., Abramov V.A. Freio de trama modernizado da máquina STB. R.S. Weaving, 1983, No. 44.
56. Petukhov V.A. Modernização de teares sem lançadeiras. Kiev, Technics, 1987.
57.Biconcini G. Rend. R. Accod. d. lincei, 6a, 1925.
58 Lorenz H. Technishe Meeh. Starrer Gebilde, 1924.
59 Minakov A.I. Fundamentals of yarn mechanics (Fundamentos da mecânica dos fios). MTI. M. 1941.
60 Urazbayev M.T. Fundamentos da mecânica do fio flexível deformável ponderado. Tashkent, 1951.

bEalimova H.A. Tecnologia de processamento de seda sem resíduos. Tashkent. Fan, 1994, 310 pp.
62 . Alimova H.A. et al. Ondas de rakhmatullin em filamentos e bastonetes. Tashkent, Fan, 2001.
63 Ergashev M. Propriedades e interação de ondas num filamento. Tashkent, Fan, 2001.
64 Ergashev M. Problemas ondulatórios de impacto de um fio com corpos sólidos. Tashkent, Fan, 2001
65 Rasulov X. Y. Otimização da tensão da teia e da trama em máquinas STB. Dissertação de Mestrado. Tashkent, 2007.
66 Uzakov U.T., Rasulov H.Y., Rakhimkhodzhaev S.S. Tensionamento de fios de trama em máquinas de projeção.
67 . Rakhimkhodjaev S.S. et al. "Device for tensioning weft yarns on the weaving machine" Certificado de direitos de autor n.º 1687665 B.I., n.º 40, 1991.
68 Rakhimkhodjaev S.S., Rasulov H.Y. Estudos analíticos do tensionamento da utochina em máquinas de holofotes.
69 Rasulov H.Y., Rakhimkhodzhaev S.S. Estudos da tensão da trama no travão de trama sem choque.
71 Rakhmonov O. T. Otimização dos parâmetros de estrutura e produção de tecidos de algodão-seda. Dissertação de Mestrado. Tashkent, 2008.
72 Lee E. Um estudo da tensão do fio de urdidura por ciclo de formação do tecido. Dissertação de Mestrado. Tashkent, 2003.
73 . Rasulov H.Y., Rakhimkhodjaev S.S., Kadyrova D.N. Temperamento e tensionamento de fios de teia em máquinas STB. Problemas de têxteis. № 2, 2008.
74 Rakhimkhodzhaev S.S., Kadyrova D.N., Rasulov H.Y. Influência dos parâmetros do meio nos movimentos do tecido para baixo no sistema elástico de vestir à máquina. Problemas de têxteis. № 2, 2014.
75 Rakhimkhodjaev S.S., Kadyrova D.N. Investigações sobre a travagem e a alimentação da trama no tear. Problemas de têxteis. № 4, 2002.
76 Muradova D.R., Umarova S.R., Rakhimkhodjaev S. S. Investigações analíticas dos movimentos da borda do tecido em teares. Conferência científica e prática do TITLP. Tashkent, 2016, pp. 101-104.
77 Muradova D.R., Sobirova G.N., Rakhimkhodjaev S. C. Influência do método de colocação do fio de trama nas riscas iniciais do tecido. Conferência Científica e Prática do TITLP. Tashkent, 2016, pp. 99-101.
78 . Muradova D.R., Rasulov X.Y., Rakhimkhodjaev S. S. Investigação tecnológica do tear JAT 810. Conferência científica e prática do TITLP. Tashkent, 2016, p. 73
79 Muradova D.R. Rakhimkhodzhaev S.S. Investigação dos movimentos da borda do tecido em teares. Coleção de Mestres. TITLP. Tashkent, 2016.
80 . Rakhimkhodjaev S.S., Kadyrova D.N. Novos métodos de medição dos parâmetros do processo de tecelagem. Problemas de têxteis. № 3, 2002.
bb.Rakhimkhodjaev S.S. Melhoria da regulação da tensão da teia em teares sem

lançadeira durante a produção de tecidos de seda. Dissertação para o grau de Candidato a Ciências Técnicas. IvTI, Ivanovo, 1984.
72. Kadyrova D.N. Research and stabilisation of warp tension on needleless weaving machines (Investigação e estabilização da tensão da teia em teares sem agulha). Dissertação, Tashkent, 2001.
73. Rakhimkhodjaev S.S. et al. Teoria da formação de tecidos. Tashkent, 2007.
79 Sevostyanov A.G. Métodos e meios de investigação dos processos mecânico-tecnológicos da indústria têxtil.-M.: Legkaya Industriya, 1980. -392 c.
80 Ornatskaya V.A. et al. Conceção e modernização de teares. M., L.I., 1986.
81 Rakhimkhodjaev S.S. et al. "Device for regulation of warp tension on a weaving machine" Certificado de direitos de autor n.º 5014094. B.I.,No.40, 1997.
82 Kadyrova D.N. Investigação e estabilização da tensão da teia em teares sem agulha. Dissertação de Mestrado em Ciências Técnicas, Tashkent, 2001.
83 Boimuratov B.H. Melhoria do processo de têmpera e tensionamento da teia no tear. Dissertação de Mestrado em Ciências Técnicas, Tashkent. TITLP, 1998.
84 Martynova A.A. et al. Estrutura e desenho de tecidos. M., RIO MGTOA., 1999.
85 . Bogza A.D. et al. Investigação da fiabilidade do processo de assentamento da trama em máquinas STB, M. L.I., 1978.
86 . Rakhimkhodjaev S.S., Kadyrova D.N. Propriedades reológicas dos fios no sistema elástico de enfiamento da máquina. Problemas de têxteis. № 4, 2013.
87 Getsonok B.I. Controlo estatístico do processo de tecelagem. M., 1983.
88 Bykadorov R.V. Regulação da qualidade do tecido em teares. M., L.I., 1984.

Printed by Books on Demand GmbH, Norderstedt / Germany